U0216815

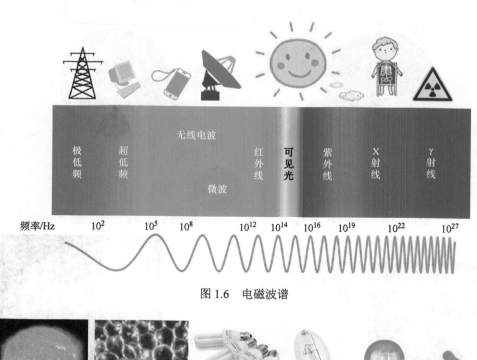

图 1.6　电磁波谱

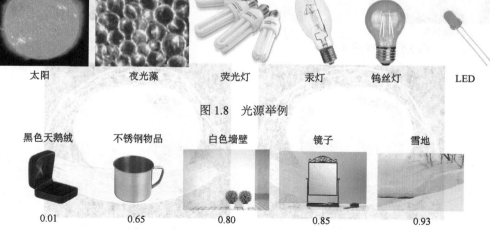

图 1.8　光源举例

图 1.12　常见物体的反射率

图 2.10　颜色三要素

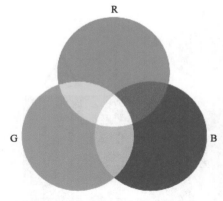

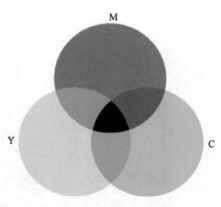

图 2.11　RGB 相加混色模型示意图　　　　图 2.12　CMY 相减混色模型示意图

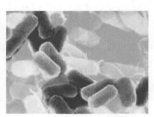

　　　a）微转头　　　　　　　b）生物细胞　　　　　　　　a）光学棱镜的分光作用

　　　　图 3.5　显微图像　　　　　　　　　　　图 5.3　傅里叶变换的作用

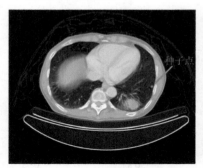

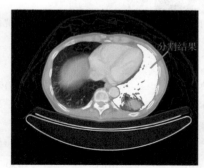

　　　　　a）原图　　　　　　　　　　　　　　b）区域生长结果

　　　　　　　图 7.12　对仿真 CT 图像做区域生长

　　　　a）初始图像　　　　　　　　　　　　f）标记连通域并排序

　　　　　　　图 10.9　图像处理实验分步结果图

教育部高等学校电子信息类专业教学指导委员会
光电信息科学与工程专业教学指导分委员会规划教材
普通高等教育光电信息科学与工程专业应用型规划教材
国家精品课程配套教材

光电图像处理基础

陈晓冬　主编

本教材配套的 MOOC 课程网址为：
https://coursehome.zhihuishu.com/courseHome/2063944#teachTeam
本教材配有以下教学资源：电子课件和习题解答。

机械工业出版社

本书是编者在总结多年教学心得和科研成果的基础上编写的，主要介绍光电图像获取及图像处理的基础知识及方法，并对最常用的经典方法进行了系统介绍。全书共分为 10 章，内容结合实际应用，按照初学者学习和掌握光电图像处理流程的思路进行编排，包括图像处理的基本概念、数字图像获取、图像增强、图像傅里叶变换、图像平滑与锐化、图像分割、形态学处理、图像压缩、图像处理示例等多个方面。

本书可作为高等院校光电信息科学与工程、电子科学与技术、测控技术与仪器、电子信息工程等专业的本科生或研究生的教材或参考书，也可作为从事相关研究的工程技术人员的参考用书。

（责任编辑邮箱：jinacmp@163.com）

图书在版编目（CIP）数据

光电图像处理基础 / 陈晓冬主编. —北京：机械工业出版社，2019.7（2025.1 重印）
国家精品课程配套教材　普通高等教育光电信息科学与工程专业应用型
规划教材
ISBN 978-7-111-62936-8

Ⅰ.①光…　Ⅱ.①陈…　Ⅲ.①光电子技术—应用—图
像处理—高等学校—教材　Ⅳ.①TP391.41②TN2

中国版本图书馆 CIP 数据核字（2019）第 114165 号

机械工业出版社（北京市百万庄大街 22 号　邮政编码 100037）
策划编辑：吉　玲　责任编辑：吉　玲　王　荣　王小东
责任校对：王　欣　封面设计：张　静
责任印制：邸　敏
中煤（北京）印务有限公司印刷
2025 年 1 月第 1 版第 5 次印刷
184mm×260mm・8.5 印张・1 插页・211 千字
标准书号：ISBN 978-7-111-62936-8
定价：26.00 元

电话服务　　　　　　　　　网络服务
客服电话：010-88361066　　机 工 官 网：www.cmpbook.com
　　　　　010-88379833　　机 工 官 博：weibo.com/cmp1952
　　　　　010-68326294　　金 书 网：www.golden-book.com
封底无防伪标均为盗版　　机工教育服务网：www.cmpedu.com

前　　言

通常，刚接触到图像处理领域的学生，对该领域容易产生一种既好奇又陌生的感觉，而此时一本合适的图像处理教材，对于学生能否继续保持对图像处理的浓厚兴趣有着至关重要的作用。

目前，高校开设的图像处理类课程一般都是 32 学时或 48 学时，如果采用常见的内容多而全的专业教材，不仅学习时间远远不够，而且很容易因为内容的难以理解和掌握，使学生失去对相关课程的兴趣，从而丧失深入研究图像处理方法的动力。因此，对于刚开始接触图像处理领域尤其是光电信息类专业的学生，需要一本结合专业特点、将光学与数字图像处理知识相结合、以基础知识介绍为主并能引导他们快速进入该领域的教材。

本书旨在帮助初学者从物理层面去理解和学习光电图像处理知识，通过结合实际应用提高他们的学习兴趣，同时也便于非光电类专业的读者学习。在不影响课堂教学和读者理解的前提下，书中相关的数学公式推导过程较少，降低了理论知识的学习难度。对于想要进一步了解光电图像处理专业知识的读者，可在本书的基础上结合相关的专业书籍进行深入学习。

编者多年来一直讲授"光电图像处理"课程，并根据实际授课内容编写了一本讲义，讲授的"光电图像处理"课程于 2008 年被评为国家级精品课程。这些都为本书的编写打下了很好的基础。

本书分为 10 章。第 1 章和第 2 章介绍了光电图像处理的基本概念；第 3 章介绍了数字图像的获取；第 4~8 章介绍了数字图像处理的方法，包括图像增强、图像傅里叶变换、图像平滑与锐化、图像分割和形态学处理；第 9 章介绍了图像压缩的概念和方法；第 10 章为具体的应用实例，帮助读者利用所学图像处理知识分析和解决实际问题。具体参编人员及分工为：第 3 章由王晋疆编写，第 8 章由田庆国编写，第 9 章 9.4 节由汪毅编写，其余内容由陈晓冬编写，最后陈晓冬负责全文统稿。

在本书的编写过程中，实验室的学生们参与了大量的插图和文字校对工作，在此对他们表示感谢！他们是席佳琪、梁海涛、张佳琛、王丽瑶、牛德森、赵聪、肖禹泽、徐勇、许鸿雁、刘珊珊。同时，本书还参考了相关领域同行们的研究成果，在此对各位同行表示深深的感谢。

由于编者水平有限，书中难免存在错误和不妥之处，恳请读者批评指正。

陈晓冬
于天津大学

目　　录

第1章 绪 论

1.1 什么是图像

通俗意义上，把人对二维或三维景物的感知影像称为图像，如图 1.1 所示。从数学的角度看，图像可以看作任何数据场在空间的有序排列。而生理学则赋予了图像主观意义，即光信号经过自然界景物进入人眼，神经系统将光信号传入大脑产生对景物的感知，这一感知即为图像。从哲学的角度看，图像是对自然界物体透射或反射光分布的生动性描述，该描述具有其特定的符号和精神意义。其中，光分布是客观存在的，而完成生动性描述则需要通过人的视觉系统在大脑中形成的对客观景物的感知再现，所以可以说图像是主观印象和客观事实的结合。

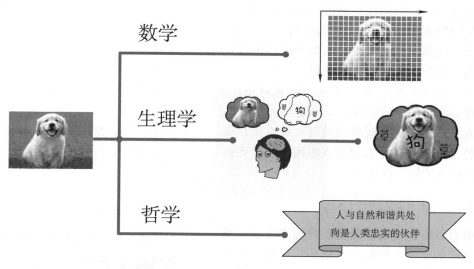

图 1.1 图像的定义

1.1.1 图像的产生

人眼是极其复杂的器官，形状近似球体。如图 1.2 所示，人眼主要由角膜、虹膜、晶状体、睫状体、玻璃体、视网膜等组成，分为屈光系统和感光系统两部分。屈光系统由角膜、虹膜、晶状体和玻璃体组成，通过睫状肌的运动可以改变晶状体的厚度，从而改变屈光能力，将物体清晰地成像在视网膜上。感光系统

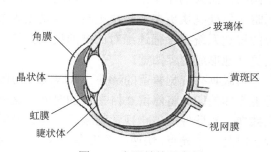

图 1.2 人眼结构示意图

（即视网膜）负责将光刺激信号转化成神经信号送入大脑。视网膜上存在锥状细胞和杆状细胞，锥状细胞感知光的明暗与颜色，而杆状细胞只能感知光的明暗，且锥状细胞活动于外界光线较强时的视觉过程，杆状细胞活动于光线较弱时的视觉过程，这就是人们在暗处难以观察到物体颜色的原因。在视网膜中心有一个集中了大量锥状细胞的黄斑区，其分辨率最高，具有高清晰度，而远离黄斑区的视网膜分辨率显著下降。当用眼睛观察物体时，光通过虹膜，虹膜收缩控制光的进入量（相当于光学系统中的孔径光阑），之后光经过角膜、晶状体、玻璃体聚焦在视网膜的黄斑区上，光敏细胞受到强弱不同的光刺激产生强度不同的电脉冲，这一信号被视神经中枢传递到大脑，进而产生一幅图像的感觉。

1.1.2 人眼的视觉特性

人眼所能感觉到的亮度范围非常之宽，可对 10^{10} 级亮度产生感知。如图 1.3 所示，与整个适应范围相比，人眼某一时刻能够同时感知到的亮度范围非常小，小于 64 级。当外界光线亮度突然变化时，人眼会产生一段时间的"失明"，称作亮度适应现象。亮度适应现象是人眼在对同时感知的亮度范围进行调节，这一过程是逐渐过渡的。从明亮的环境进入黑暗的环境时，瞳孔放大，对黑暗环境敏感的杆状细胞代替锥状细胞工作，该视细胞的转换需要 10～20s 的时间。而从黑暗的环境进入明亮的环境时，视细胞由杆状细胞转换成锥状细胞，锥状细胞恢复工作的时间较短，只需不到 10s，也就是说，人眼对亮环境的适应性要高于暗环境。

人眼对亮度的主观感觉具有对数性质。视觉系统感觉到的亮度 L 是进入眼睛光的发光强度 I 的对数函数，表达式如下：

$$L = \mathrm{d}\ln(I) = \frac{\mathrm{d}I}{I} \approx \frac{\Delta I}{I} \qquad (1.1)$$

即人眼对目标亮度的感觉受到目标亮度和背景亮度之差的影响。例如，奥地利物理学家马赫发现"马赫带"现象，如图 1.4 所示。多块亮度不同的区域并列，每一块区域内部的亮度是相同的，而人们在观察时会发现每两块之间的明暗交界处亮块更亮，暗块更暗。这是因为人眼的视觉系统有增强边缘对比度的机制，使人们更好地形成轮廓知觉。

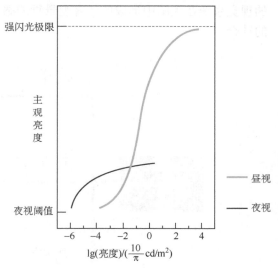

图 1.3 人眼的亮度适应范围

图 1.4 马赫带

人眼具有视觉暂留的特性。人眼观看物体时，物成像在视网膜上，当物体移去时，视神经上物体的印象将停留 0.1s 左右的时间，这种现象也称为视觉残像。视觉残像分为正残像和负残像。正残像即停止视觉刺激后，视觉仍保持原有物色的现象。例如，演唱会上的荧光棒静止时是一个光点，快速晃动就会让人产生光线的错觉；视频通过每秒更换 24 张不同的图像，给人眼动态效果的错觉。而负残像是停止视觉刺激后，视觉保持原有物色补色的现象。负残像的产生与注视物体的时间长度有关，注视时间越长，负残像的转换效果越鲜明。例如，长时间注视红色物体后，转移视线时，红色感光细胞因长久兴奋引起疲劳转入抑制状态，而此时处于兴奋状态的绿色感光细胞就会"乘虚而入"，产生绿色的负残像，再看向白色物体时，就会产生绿色的错觉。

人眼对彩色的分辨能力比对亮度的分辨能力低。通常认为 380～780nm 波段为可见光区域，低于 380nm 和高于 780nm 的光无法被人眼观察。人眼对波长在 500nm 蓝绿光波段和 600nm 的黄光波段最为敏感。人眼对颜色的分辨存在门限，对于最敏感的波段，人眼可以分辨波长差为 1nm 的两种颜色。但人眼对颜色的敏感程度远不如对亮度的敏感程度。把刚分辨得清的黑白条纹换成红绿条纹，人眼将无法分辨，只能观察到一片黄色。同时，人眼对于冷色调的物体会感觉它们的面积较大，而感觉暖色调的物体较小，这是因为人眼中的晶状体对于各个波长的光折射率不同，造成短波长的冷色成像在视网膜前方，长波长的暖色成像在更靠近视网膜的地方。例如法国国旗由蓝、白、红三色构成，为了让三种颜色看起来等宽，蓝、白、红三色的实际宽度比例调整为 30∶33∶37。

1.1.3 图像的分类

图像按来源可以分为物理图像、虚拟图像和合成图像。物理图像反映的是物质或能量的实际分布图，而虚拟图像一般是采用数学建模的方法在计算机上制作的图像，二者的区别在于是否有真实感。物理图像在采集的过程中不可避免会受到噪声的影响，使图像中存在"尘埃"，对画面质量有一定的影响；而虚拟图像作为在数学模型下生成的图像，不存在外界噪声的干扰，但其真实感远不如物理图像。平时看的很多电影和电视节目中，真实人物常被放在计算机虚拟的场景中，模拟出一些很难拍摄的场景，这种物理图像和虚拟/物理图像结合形成的图像称为合成图像，如图 1.5 所示。

物理图像

虚拟图像

合成图像

图 1.5 物理图像和虚拟图像得到合成图像

图像按空间或时间维度可以分为一维、二维、三维、四维等。一维即单一参数的图像及信号，二维、三维、四维则对应日常生活中的图片、立体图像、立体视频。在数学中，维度指独立参数的数目，维数越高，包含的信息越多。

图像按成像的波段可以分为单波段、多波段和超波段图像。如图 1.6 所示，波段其实就是电磁波谱中从某一波长到另一波长之间的范围，单波段图像即电磁波谱中的某一波长成像，该图像的一个像素点只记录一个数值，在计算机上一般反映为灰度图像。多波段图像即电磁波谱中的某几个波长成像，图像上每个像素点记录多个数值，例如计算机上的 RGB 图像的每个像素点记录了红、绿、蓝 3 个亮度值，形成彩色图像。超波段图像上每个像素点记录了几十或上百个数值，相比多波段图像具有更高的光谱分辨率，常用于遥感探测系统。不同观测系统可以采用 γ 射线、X 射线、紫外线、可见光、红外线、微波等不同波段成像，以适应探测不同物理介质、材料和状态的场景。

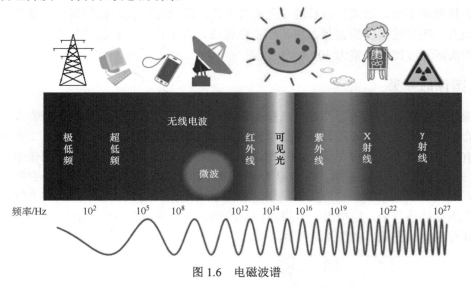

图 1.6　电磁波谱

图像按空间坐标和亮度的连续性可以分为模拟图像和数字图像。模拟图像是指图像在空间、亮度或色彩方面都是连续的。例如，人眼所捕捉的视觉场景、各种纸质图片、海报以及由传统的胶片照相机拍摄的照片等，都是模拟图像。与此相对的数字图像是以数字格式存放的图像，此类图像的亮度、色彩在空间上是离散的。例如，计算机等多媒体设备不能显示模拟图像，计算机上的图像看似和模拟图像一样，实际上放大后是由一个一个的像素构成的。

数字图像按信息表示方式，可以分为矢量图和位图。矢量图是指用一系列计算指令来表示的图像，如点、线、矩形等。这种方式实际上是用一个数学式来描述一幅图，然后通过编程来实现。矢量图像文件数据量小，图像进行缩放时不会失真，图像目标的移动、复制和旋转都很容易实现，然而对于构造成分复杂的图像（如自然风景等），就很难用数学式来表达。位图是指由一系列像素构成的图像，每个像素都由亮度、色度等参数数据来描述。位图在数字图像处理中得到广泛应用。矢量图和位图最大的区别就是，矢量图处理的对象是由数学式描述的形状，而位图处理的对象是像素。

数字图像按携带的视觉信息类型可以分为灰度图像和彩色图像。彩色图像包含亮度信息和色彩信息，而灰度图只包含了亮度信息。灰度图又可以根据灰度等级的数目划分为二值图和灰度图。二值图的每个像素只用 1 位二进制数表示，要么是 1，要么是 0，即图像中的像素只可能有两种灰度。灰度图的每个像素用多位二进制数表示。例如，若每个像素由 8 位（1B）表示，则灰度等级为 256（2^8）级，即图像由 256 种灰度的像素构成。

1.1.4 图像的特点

图像在人们的生活中占有重要的地位，它信息量大，内容多种多样，是人们从外界获取信息的主要来源之一。首先，图像包含的信息量大。以灰度级为 256 的黑白图像为例，每个像素占有 1B 的空间，一幅由 256×256 像素组成的图像需要 64KB 的存储空间，对于具有更高分辨率的图像，如 1024×1024 像素，则需要 1MB，而相应分辨率的真彩色图像则需要 4MB。对于 30 帧/s 的彩色电视图像序列，每秒则要处理 120MB 的数据量，对于计算机的数据传输和处理速度提出了很高的要求。其次，图像内容多种多样，包括照片、绘图、视频图像等各式各类的图像，其内容之广由 1.1.3 节的图像分类可见一斑。第三，图像是人类获取外界信息和认识世界的主要信息源之一。研究表明，人类从外界获取的信息有 75%来自于视觉。由于人类拥有由人眼和人脑组成的无比复杂和精妙的图像处理系统，能够快速地从大量繁杂的图像信息中提取出所需的内容，辨别能力极强，这是现有计算机所不具备的能力。

1.2 光电图像处理系统

1.2.1 光电图像处理系统的组成

图像处理日益广泛的应用促进了相关硬件系统的发展，由此出现了各式各样的光电图像处理系统。但无论多么复杂的光电图像处理系统都可以概括为 5 个模块，即图像采集、图像显示、图像存储、图像通信、图像处理和分析，如图 1.7 所示。

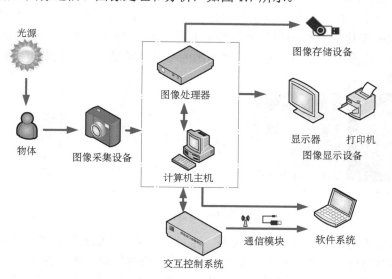

图 1.7　光电图像处理系统的组成

图像采集模块是整个系统的输入部分，其作用是通过图像传感器将外界信息转换成计算机可以识别的数字图像。常见的图像采集模块有照相机、手机摄像头、扫描仪等。

图像显示模块是系统的输出部分。图像的输出主要有两种方式，一种是通过显示器或投影仪等设备暂时性显示的软拷贝形式。另一种是通过打印机等将图像输出到物理介质上的硬拷贝形式。

图像存储模块是系统必不可少的一部分。图像的数据量通常都较大，无论是进行处理还是存储都需要大量的空间。例如，计算机内存就是一种提供快速存储功能的存储器，目前微型计算机的内存一般为几个 GB。大容量硬盘能提供几百到几千个 GB 的存储空间，但是不便于携带和交换。U 盘和移动硬盘是以 USB 为接口的一种存储介质，具有保存数据安全可靠、携带方便、数据传输速度快等优点，是日常存储图像的理想介质。此外还有磁带、CD、DVD 等设备均可存储图像，尤其是 DVD，凭借其微小的道宽、高密度的记录线等特点，跻身于大容量、高精度、高质量存储设备前列，存储容量可达 10GB 以上。

图像通信模块是指图像发送的末端设备，如电视摄像机、传真机等。图像通信按传输媒介可以分为有线图像通信和无线图像通信。顾名思义，有线通信的传输以传输线缆作为媒介，如电缆通信、光纤通信等；而无线通信不需要电缆等传输设备，所有无线信号随电磁波传输，如卫星通信。在信号的传播中由于反射、衍射和散射的影响，无线信号会沿着许多不同的路径到达其目的地，形成多径信号，相比于有线通信更加灵活。

图像处理和分析模块是整个系统的核心，与整个系统的功能目标相对应。该模块通过软件对输入的数字图像信号进行数学运算，达到改善图像质量或提取出所需信息的目的，满足该应用系统的需要。

1.2.2 光源与图像传感器

光源和传感器是图像处理系统必不可少的组成部分。如图 1.8 所示，光源是指能发出一定波长范围电磁波的物体，可以分为自然光源和人工光源。由自然过程产生的辐射源称为自然光源，例如太阳、夜光藻等。自然光源是客观的存在，人们无法改变其发光特性，而且地理位置、时间的变化都会引起自然光源辐射量的改变。为了给成像系统创造更好的光照条件，人们制造了许多人工光源以补偿自然光源的不足，常见的人工光源有荧光灯、汞灯、钨丝灯、LED 等。

太阳　　　　　夜光藻　　　　　荧光灯　　　　　汞灯　　　　　钨丝灯　　　　　LED

图 1.8　光源举例

光源、传感器与物体有 3 种位置关系，即背光光照、正面光照和斜射光照，如图 1.9 所示。背光光照时物体位于光源和传感器的中间，此时物体轮廓清晰，能够快速获得物体位置，但难以看清物体细节。正面光照时光源和传感器在物体同一侧，物体细节清晰。斜射光照时光源、传感器和物体不在一条直线上，入射光线与反射光线的夹角接近直角，此时物体光照不均匀，难以提取物体轮廓，但立体感较强，常用于展示景物效果。在选择光源及设计其与传感器、物体的摆放位置时，应综合考虑系统的功能。

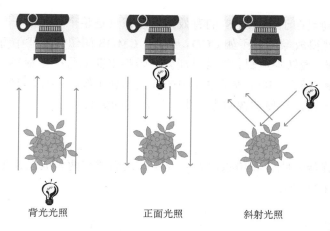

背光光照　　　　　　正面光照　　　　　斜射光照

图 1.9　背光光照、正面光照和斜射光照

　　图像传感器又叫感光器件，是指能够将二维光强分布的光学图像转变成一维时序电信号的传感器。成像物镜将物体成像在系统的像方焦平面上，形成二维空间的光强分布，同时图像传感器的感光面也位于像方焦平面上。图像传感器将光强分布转化成电信号，通过控制电荷的转移实现信号的传输。根据工作原理的不同，图像传感器可分为电荷耦合器件（CCD）和金属氧化物半导体器件（CMOS）两大类。

　　CCD 图像传感器有一维和二维之分，一维 CCD 即线阵 CCD，光敏单元呈一维排列，具有信息检索方便、传输速度快的优点；二维 CCD 即面阵 CCD，光敏单元呈二维分布。无论是线阵还是面阵 CCD，其光敏单元都是由金属-氧化物-半导体构成的 MOS 结构。如图 1.10 所示，光敏单元将光信号转化成电信号后，所有光敏单元同步将电信号转移到与其相邻的下一个存储单元，每一列最后一个电信号转移到水平读出寄存器中，再由水平读出寄存器输出。从水平读出寄存器读出的电信号比较微弱，无法直接进行模-数转换工作，因此需要经放大器处理之后通过模-数转换芯片进行处理，最终以二维数字图像矩阵的形式输出给处理模块。

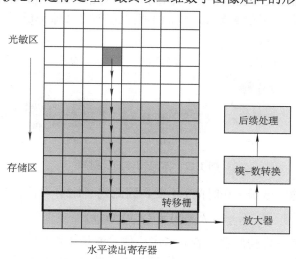

图 1.10　CCD 图像传感器的工作原理

　　CMOS 图像传感器与 CCD 图像传感器的成像原理相同，同样是利用光敏单元将光信号

转化成电信号，不同点在于，CMOS 的有效感光面积只是整个单元的一部分，不如 CCD 的有效感光面积大，使得成像质量不如 CCD。另外，CMOS 图像传感器中每一个光敏单元都直接整合了放大器和模-数转换逻辑，能且只能就地转换电荷信号产生最终的数字输出，有利于快速实现图像的采集。但 CMOS 成像单元中的放大器属于模拟器件，无法保证每个单元的放大倍率都保持严格一致，致使图像数据产生一定程度的失真。

1.2.3　成像模型

为了便于分析光源、物体和传感器如何成像，人们建立两种成像模型，分别为反射模型和辐射模型，如图 1.11 所示。

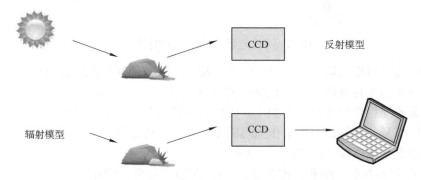

图 1.11　光电成像系统的反射模型与辐射模型

反射模型是指光源照射在目标物体上，光在物体表面上反射，反射光进入传感器转化为数字图像。反射模型的节点是目标物体。用数学公式可以表示为

$$f(x,y) = \iint_{-\infty}^{\infty} i(x,y,\lambda,t)r(x,y,\lambda,t)\mathrm{d}\lambda\mathrm{d}t \tag{1.2}$$

式中，$f(x,y,\lambda,t)$ 是图像光强函数；$i(x,y,\lambda,t)$ 是光源光照度；$r(x,y,\lambda,t)$ 是反射率，取值范围为 0～1。物面全吸收时反射率为 0，物面不吸收任何光（即全反射）时反射率为 1。常见物体的反射率如图 1.12 所示。

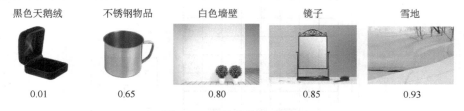

黑色天鹅绒	不锈钢物品	白色墙壁	镜子	雪地
0.01	0.65	0.80	0.85	0.93

图 1.12　常见物体的反射率

一般情况下，成像时波长 λ 和时间 t 不变，因此式（1.2）可简化为

$$f(x,y) = i(x,y)r(x,y) \tag{1.3}$$

辐射模型的节点是图像传感器。若只考虑成像时波长 λ 和时间 t 不变的情况，物体辐射的光照射在传感器靶面上，传感器产生的图像光强函数为物体辐射光函数与传感器响应函数的乘积，用数学公式可以表示为

$$f(x,y) = C(x,y)S(x,y) \tag{1.4}$$

8

式中，$C(x, y)$ 是物体辐射光函数；$S(x, y)$ 是传感器响应函数。

反射模型和辐射模型中函数的变量包含位置、波长和时间等信息。例如，日常生活中人眼所接收的大部分图像为多光谱图像，即电磁波谱中不止有一个波长成像，光函数随波长变化而变化。此外，许多图像，例如天文图像或卫星拍摄的图像，其光函数受时间的影响是不可忽略的。但大部分被人们在日常生活中所用的成像系统，如投影仪、照相机等，一般无时间和波长变化，可使用不考虑波长和时间参数的简化公式。

1.3　图像处理概述

1.3.1　图像处理的目的

图像处理是通过对图像进行一系列的操作以达到预期目的的技术，其目的为：

1）提高图像的视觉感受质量，使人眼观察图像更加舒适。

2）进行图像的变换、编码和压缩，以便于图像的存储和传输。

3）提取图像中所包含的特征或信息，如颜色特征、边缘特征、形状特征等，为计算机自动分析图像、识别物体提供便利。

1.3.2　图像处理的分类

根据图像处理层次的不同，可将其分为 3 类，即图像处理、图像分析和图像理解，如图 1.13 所示。图像处理强调的是图像之间的变换关系，目的在于改善图像的质量和视觉效果；图像分析是一个图像到数据的过程，是对图像中的目标进行提取和分割，以获取所需的信息；图像理解是通过研究图像中各目标的性质与相互关系，借助先验知识，通过合理的推理，将对图像的主观理解延伸到对客观世界的认识。

图 1.13　图像处理的 3 个层次

根据图像处理方法的不同，可将其分为模拟图像处理和数字图像处理。模拟图像处理即通过光学系统对图像进行处理，优点在于充分发挥了光运算的高度并行性和光线传播的互不干扰性，能在瞬间完成复杂的运算，例如二维傅里叶变换。但光学系统产生的强噪声和杂波对图像质量影响较大，且不同系统的噪声和杂波具有特定性，很难有通用的处理方法可以克服。此外，光学系统的结构一旦确定就只能进行特定运算，难以形成通用计算系统。数字图像处理即通过计算机对图像进行处理，具有抗干扰性好、易于控制处理效果、处理方法灵活多样的优点，缺点是计算机处理速度较光学系统慢。

根据图像处理研究目的的不同，可将其分为图像预处理、图像分析和图像压缩。图像预处理通常是为了改善图像的质量和视觉效果，或使图像中的感兴趣的信息更加突出；图像分析则是从图像中提取所需的信息，以满足某种应用的需要；图像压缩是指对图像数据进行变换、编码和压缩，减小图像的数据量，以便于传输和储存。

1.3.3 图像处理的内容

图像处理的内容非常宽泛，大致分类如下：

1. 图像的获取、表示和表现

图像获取即图像的数字化过程，通过光电变换和模–数转换将图像信息转换成计算机可以识别的数字矩阵。图像的表示和表现就是将该数字矩阵显示在显示器或输出到物理介质上。图像的获取、表示和表现反映的是图像形式的变化。

2. 图像增强

由于成像系统是一个高度复杂的系统，图像在产生和传输的过程中总会受到各种干扰而产生畸变和噪声，使图像质量下降，而图像增强正是为了提高图像的质量，如抑制噪声、提高对比度、边缘锐化等，以便于观察、识别和进一步分析处理。增强后的图像与原图像相比势必会损失一些信息，如果这些信息是人眼无法感知或对于该图像不重要的，这样的处理就是合理的。

3. 图像复原

大气湍流、摄像机与被摄物体之间的相对运动等都会造成图像的模糊，图像复原是指把退化、模糊了的图像尽可能地恢复到原图像的模样。它要求对图像退化的原因有所了解，建立相应的"退化模型"，再采用某种滤波方法，消除退化的影响，从而获得一个接近理想成像系统所产生的图像。

4. 图像的编码与压缩

图像编码压缩技术主要是利用图像信号的统计特性和人类视觉的生理学及心理学特性，对图像信号进行编码，有效减少描述图像的冗余数据量，以便于图像传输、存储和处理。压缩技术在日常生活中随处可见，如许多视频文件都采用了 MPEG–4 技术进行压缩，在满足一定保真度的前提下，大大减小了存储空间；网络上的 JPEG 文件也是利用压缩编码技术，减小了文件的数据量，缩短在网络上的传输时间。

5. 图像分割

图像分割是将感兴趣的目标从背景中分离出来，以便于提取出目标的特征和属性，进行目标识别，为最终的决策提供依据。图像自动分割是图像处理领域中的难题。人类视觉系统能够将所观察的复杂场景中的对象一一分开，并识别出每个物体，但利用计算机进行分割往往还需要人工提供必要的信息才能实现。

6. 图像分析

图像增强、图像复原的输入是图像，处理后输出的结果也是图像，而图像分析的输出结果是数据。对图像中目标进行分割、特征提取和表示，通过计算机中存储目标的性质和相互关系的数据，实现计算机对图像目标的分类、识别和理解。

7. 图像重建

图像重建与前几种图像处理方式不同，图像重建输入的是某种数据，而经过处理后得到的结果是图像，是从数据到图像的处理。例如，通过对物体外部数据的测量，获得三维物体的形状信息。图像重建开始是在计算机断层扫描（CT）技术中应用（获取人体器官图像），并逐渐在许多领域获得应用。

1.3.4 图像处理的起源与发展

图像处理的起源如图 1.14 所示。20 世纪 20 年代，图像处理技术首次产生并使用。起初的图像是通过打字机打印的特殊字符组成的。1929 年，一幅图片通过海底电缆从伦敦被传输到了纽约，象征着图像压缩技术的产生，当时的技术就可以将传输图像的时间缩短至原先的 2%。1964 年，美国喷气推进实验室首次将数字图像处理技术应用在工程中，将航天飞船"旅行者七号"从太空发回的 4000 多张月球照片进行处理，使用了几何校正、灰度变换、去除噪声等技术，并考虑了太阳位置和月球环境的影响，成功绘制出月球表面地图。在之后的航天技术（如对外星的探测研究）中，数字图像处理都得到了广泛的应用。随着计算机软硬件技术的飞速发展，数字图像处理技术在科学研究、工业生产以及国防等领域都获得越来越多的应用，并朝着实时化、小型化、智能化的方向发展。

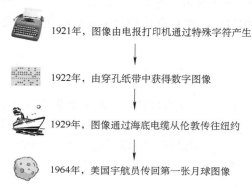

1921年，图像由电报打印机通过特殊字符产生

1922年，由穿孔纸带中获得数字图像

1929年，图像通过海底电缆从伦敦传往纽约

1964年，美国宇航员传回第一张月球图像

图 1.14 图像处理的起源

1.3.5 图像处理的应用

1．通信工程方面的应用

目前，多媒体通信在人们生活中的地位越来越重要，但多媒体图像的传输数据量很大，所以研究高效率的图像压缩和解压方法是多媒体通信技术发展的核心。早期的图像压缩主要是基于香农信息论，压缩比不高，近年来利用人眼视觉的不敏感性，将某些非冗余信息压缩，从而大幅提高压缩比，给图像编码提供了新的方向。

2．生物医学工程方面的应用

光电成像技术和医学图像处理的发展对人类的健康至关重要，因为它能获取以往不能观察到的人体内部各个器官的信息，为医生的诊断提供有价值的参考，因此受到人们的普遍关注。这方面常见的技术主要有核磁共振成像（MRI）、X 射线层析成像（X-CT）、X 射线透射成像、数字减影造影（DSA）、超声成像等。对这些图像的增强、特征提取和理解已成为医学领域中辅助诊断的重要手段。此外，图像处理技术对染色体分析、红细胞和白细胞的自动分类、癌细胞识别等同样具有重要的实用意义。

3．遥感图像处理

遥感技术是利用飞机、卫星等航天设备从空中远距离对地面进行观测并获取图像的技术。由于成像条件受飞行器位置、姿态、环境条件等影响，图像质量较差且目标信息不明确，拍摄的图片需要进行后续处理分析。在没有遥感图像处理技术之前，这项工作需要耗费大量人力，而现在改用图像处理系统来分析遥感图像，节省人力的同时加快了速度。目前，这项技术已经广泛应用于气象预报、灾害检测、资源勘察、农业规划、城市规划中。

4．工业应用

图像处理在工业上的应用非常多，工业流水线上常见的有无损探伤、产品外观自动识别、装配和生产线的自动化等。例如，工业机器中的电路板往往因为故障而导致温度出现异常，而红外热像技术能够非接触、高灵敏度、快速、准确、安全地测定物体表面相对温度场分布，在不停运和不解体设备的情况下实现对物体的快速成像，从而实现故障检测和诊断。此外，图像处理还促进了一些新兴产业的发展，如指纹识别、人脸鉴别、残缺图像复原等。

5. 文化艺术方面

图像处理在文化艺术方面的应用有电视画面的数字编辑、动画的制作、电子游戏、纺织工艺品设计、服装设计与制作、发型设计、文物资料照片的复制和修复、运动员动作分析和评分等。例如，现实难以模拟的灾难片或恐怖片场景常常利用图像处理将真人演员与虚拟背景相融合，使观众体验身临其境的视觉效果。

习　题

1. 什么是合成图像？将物理图像嵌入物理图像是不是合成图像？
2. 结合本章内容，思考医生的手术服为什么大多是绿色的。
3. 思考进行人脸识别需要用到图像处理的哪些内容。
4. 图像处理的目的是什么？

第2章　图像处理的基本概念

2.1　图像数字化

计算机的存储介质不断更新，但数据存储的基本原理均为：用数字 0 和 1 分别代表介质的低电平状态和高电平状态，计算机要存储和显示的所有信息，都要通过若干个 0 和 1 排列组合的结果来表达。换言之，计算机只能处理离散的数据。因此，用计算机对图像进行处理之前，必须遵从计算机的表达规则，对图像进行数字化处理。

图像数字化是指将连续图像离散化，从而获得数字图像的过程。一幅图像可用函数 $f(x, y)$ 来表示，(x, y) 表示图像上某点的空间位置坐标，函数值 $f(x, y)$ 表示该点处的强度。连续图像的空间位置或强度是连续的，数字图像上点的空间位置坐标和强度都是离散的、有限的。人们必须对连续图像的空间位置和强度分别进行离散化处理，才能完成图像的数字化过程。其中，空间位置的离散化处理叫作采样，强度等级的离散化处理叫作量化，如图 2.1 所示。

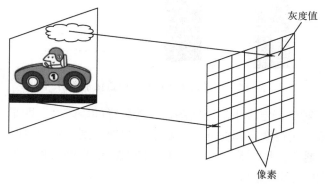

图 2.1　连续图像的采样和量化示意图

采样也叫取样，是图像 $f(x, y)$ 进入计算机的第一个步骤，指采集图像空间中部分点的灰度值来表示图像的过程。其具体操作为：对原图像函数 $f(x, y)$ 沿 x 方向以等间隔 Δx 采样，得到 M 个采样点，沿 y 方向以等间隔 Δy 采样，得到 N 个采样点，从原始图像中采集到的这 $M \times N$ 个点即构成了表示原图的离散样本阵列。整幅图像被映射到一个网格上，"每一格"即每个采样点，称为一个像素点。通常所说的"一幅图像分辨率为 512×512"，即指该图像 x 方向和 y 方向各有 512 个像素点。此处的"分辨率"用来衡量图像采样点数，而不是指像素点间距的大小，下同。图像数字化过程中的采样示意图如图 2.2 所示。

采样之后，进行量化操作，即把采样后所得各像素的灰度值由连续值转换为离散的整数值，如图 2.3 所示。其具体操作为：将采样点灰度值区域划分为多段，每段用一个灰度级表示。一般情况下，计算机采用 0～255 这 256 个灰度级表示灰度图，即 8bit 量化。

离散化后的数字图像，视觉效果上应尽量逼近原始的连续图像，采样间隔和量化等级数目决定了二者的相似程度。采样间隔即空间上两采样点的距离，量化等级数表示在幅度上以多少等级表示样本的亮度。

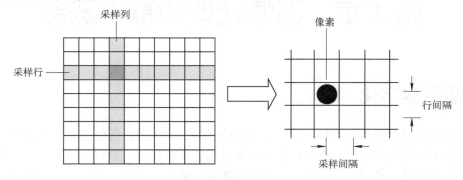

图 2.2　图像数字化过程中的采样示意图

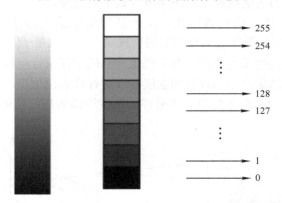

图 2.3　图像数字化过程中的量化示意图

　　如图 2.4 所示，对于一定大小的连续图像，若采样间隔越大，即采样点数目越少，则原始图像细节损失越多，所得数字图像分辨率越小，被放大到一定程度时，可能出现马赛克现象；反之，采样间隔越小，即采样点越多，原始图像的信息保留越完整，所得数字图像分辨率越大，但需要更大的存储空间。

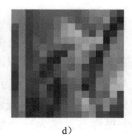

a)　　　　　　　　　b)　　　　　　　　　c)　　　　　　　　　d)

图 2.4　采样间隔对图像数字化结果的影响

注：图 2.4a～d 的图像量化等级相同，从左至右采样点数依次减少，通过行和列的复制被扩展至相同分辨率。

　　如图 2.5 所示，对于一定大小的连续图像，若量化等级很少，则原图中的灰度信息被过度简并，灰阶变化生硬，可能产生假轮廓；反之，量化等级越多，所得图像灰度层次越丰富，数据量越大。

因此，对一幅连续图像，可根据局部信息的特点，酌情进行非均匀采样和量化，如细节较多处宜细采样，灰度变化缓慢处宜增加量化等级。

a)　　　　　　　　　　b)　　　　　　　　　　c)　　　　　　　　　　d)

图 2.5　量化等级对图像数字化结果的影响

注：图 2.5a～d 从左至右，采样点数相同，量化等级依次减小。

2.2　数字图像的描述

数字图像是连续图像的一种近似表示，通常由采样点的值所组成的矩阵来表示：

$$\begin{bmatrix} f(0,0) & f(0,1) & \dots & f(0,N-1) \\ f(1,0) & f(1,1) & \dots & f(1,N-1) \\ \vdots & \vdots & & \vdots \\ f(M-1,0) & f(M-1,1) & \dots & f(M-1,N-1) \end{bmatrix} \tag{2.1}$$

矩阵的每个元素表示 1 个采样点，即 1 个像素；矩阵元素值即该像素强度的量化值。矩阵大小 $M{\times}N$ 表示生成的数字图像有 M 行 N 列，称该图像大小为 $M{\times}N$ 像素。

值得注意的是，数字图像的坐标定义不同于人们熟悉的笛卡儿坐标系。如图 2.6 所示，原点定义为图像最左上的像素点，纵轴表示行方向，横轴表示列方向；第 1 个坐标分量表示行坐标，正方向为行递增的方向；第 2 个坐标分量表示列坐标，正方向为列递增的方向。"某像素点坐标为 (x,y)"表示该点位于第 x 行、第 y 列。

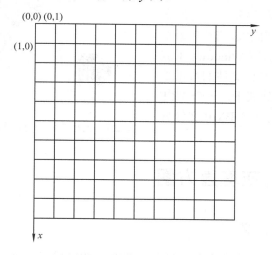

图 2.6　数字图像的坐标系

注：最左上的像素点定义为原点(0,0)，沿着第 1 行的下一个采样点坐标为(0,1)，沿着第 1 列的下一个采样点坐标为(1,0)。

2.3 数字图像的文件结构

数字图像根据其性质，可分为位图和矢量图两类。这两类图像格式的主要区别是对图像像素信息的组织和存储方式不同，将图像数据按某种格式存储在磁盘就得到图像文件。

矢量图也称为面向对象的图像或绘图图像，对象指图像中的图形元素，如直线、圆、矩形等。矢量图用一组指令集合记录图像信息，这些指令描述图形元素的位置、形状、维数等信息，例如一个圆用圆心位置和圆方程表示，一个矩形可用指定左下角和右上角坐标的四边形表示。对这些对象的其余属性信息，如边框线宽度、虚实、填充色等，也可以做出相应描述。矢量图就是将上述数学表达式和属性信息存储下来而形成的文件，绝大多数计算机辅助制图（CAD）软件均使用矢量图作为基本的图像存储格式。

位图又称为光栅图、点阵图，它以数字阵列的形式记录了图像上所有像素点的强度和颜色信息，适合保存层次丰富、细节较多的图像。将位图放大观察或高清打印时，图像中线条不再流畅而呈现出锯齿状凹凸，如图 2.7 所示。

图像的文件格式由图像文件扩展名来体现，同一幅图像可用不同格式存储，但图像信息、图像质量和占用存储空间大小存在一定差别。位图因其通用性，广泛用于图像处理中，Bitmap（简称为 BMP）和 Tag Image File Format（简称为 TIFF）是常见的位图文件格式。

BMP 是 Windows 系统中的标准图像文件格式，一般包括图像文件头、图像信息头、调色板和图像数据四部分，包含的图像信息丰富，占用存储空间大。TIFF 最早流行于 Macintosh，现已获得 Windows 主流图像应用程序的支持。TIFF 文件的数据结构类似于 BMP，不同之处在于，一个 TIFF 文件可存储多幅图像，而一个 BMP 文件只能存储一幅图像。

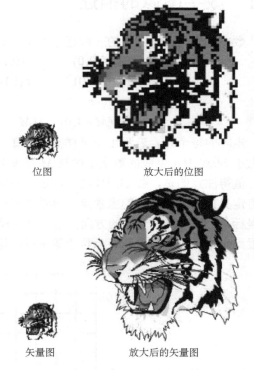

位图　　　　　放大后的位图

矢量图　　　　放大后的矢量图

图 2.7　大小相同的位图和矢量图放大后的效果对比

2.4 数字图像的灰度直方图

2.4.1 灰度直方图的定义

图像的灰度直方图（简称直方图）是灰度级的函数，描述的是图像中具有该灰度级的像素概率，其中横坐标是灰度级，纵坐标是该灰度级出现的概率，如图 2.8 所示。

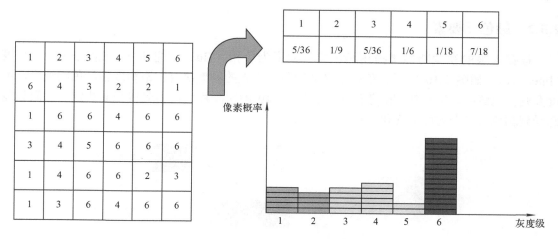

图 2.8 某数字图像的灰度矩阵和直方图

2.4.2 直方图的性质和作用

直方图描述了每个灰度级具有的像素概率，但不能为这些像素在图像中的位置提供任何线索。因此，任一特定的图像有唯一的直方图，但反之并不成立；不同的图像可以有着相同的直方图。

图像的直方图很直观地展示了图像中灰度级的整体分布情况，对图像的后续处理有很好的指导作用。

2.5 彩色图像

2.5.1 颜色的概念

颜色是人的眼、脑根据生活经验对光产生的视觉效应，如图 2.9 所示，人肉眼可见的光是波长在 380～780nm 之间的电磁波。自然界中的任何一种颜色都可以用三原色——红（Red，简称 R）、绿（Green，简称 G）、蓝（Blue，简称 B）按照不同比例混合得到。三原色 R、G、B 的强度取值范围均为[0,255]，可调配出约 1600 万（256^3）种颜色。

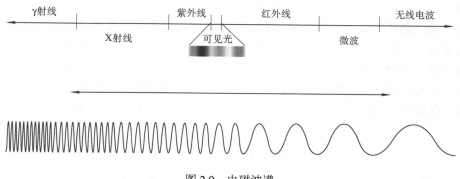

图 2.9 电磁波谱

2.5.2　颜色三要素

根据人眼的视觉特性来描述颜色的三要素为色相（Hue）、饱和度（Saturation）、亮度（Intensity）。如图 2.10 所示，色相指光的颜色，由光的频率决定；饱和度指颜色的纯度，纯度高则颜色鲜明，纯度低则颜色浅淡；亮度指颜色的明暗程度，由光线强弱决定。人眼只能感受到颜色这三个方面的变化。

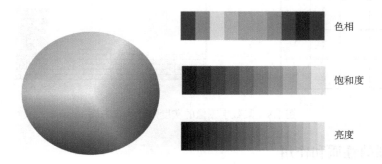

色相

饱和度

亮度

图 2.10　颜色三要素

2.5.3　颜色的分类

根据 R、G、B 混合强度比的不同，颜色分为无彩色和有彩色两种。三种颜色等量混合产生无彩色颜色——黑、白和不同亮度的灰色，三种颜色不等量混合产生有彩色颜色——除去黑白灰系列颜色外的各种颜色。

2.5.4　彩色图像和灰度图像概述

彩色图像中，每个像素点占用的存储空间（单位为位，bit）大小称为颜色位深，简称位深。位深为 1 的图像，称为 2 色位图：颜色强度值为 0 时，显示黑色；颜色强度值为 1 时，显示白色。位深为 8 的图像即通常所说的"伪彩色图"，称为 256（2^8）色图，一个像素占用 1B 的存储空间。伪彩色图中，像素值不是颜色强度值，而是颜色查找表（即 2.3 节中提到的调色板）的索引值，色彩由查找出的 R、G、B 值产生。位深为 24 的图像即通常所说的"真彩色图"，一个像素的颜色信息占用 3B，R、G、B 分量各占用 1B。真彩色图中，像素值即颜色强度值。

灰度图像是彩色图像中 R、G、B 强度值相等时的一个特例。像素点的灰度值定义为原色分量的强度值，只需 1B 的存储空间，取值范围为[0,255]。灰度图转化为彩色图时，将每个像素的三原色分量均设置为该点的灰度值即可。图像只是在格式上发生了变化，仍没有真正的颜色信息。彩色图像转化为灰度图时，将像素点三原色强度值求取加权平均作为该点的灰度值（也称为亮度值）。根据人眼对不同波长光波和亮度的响应特性，常用的亮度值计算公式之一为

$$L = R \times 0.299 + G \times 0.587 + B \times 0.114 \tag{2.2}$$

式中，L 是像素灰度值；R、G、B 分别代表三原色分量的强度值。

2.5.5　颜色模型

颜色模型是用来精确标定、生成各种颜色的一套规则和定义。某种颜色模型可标定出的所有颜色构成了该模型下的颜色空间。常用的颜色模型有 RGB 模型、CMYK 模型、YUV 模型、HSI 模型等。

1．RGB 相加混色模型

采用 R、G、B 三种原色相加混合的方式来生成各种颜色的模型，称为 RGB 相加混色模型，如图 2.11 所示。国际照明委员会（Commission Internationale de L'Eclairage，CIE）将 3 种原色光的波长分别定义为 700nm（R）、546.1nm（G）、435.8nm（B）。RGB 模型生成的颜色空间可由一个立方体表示，任何颜色都可用立方体中的一点表示，颜色坐标为三原色分量的值；三分量是相互关联的，无法独立处理。R、G、B 三色分量均为最大值 255 时混合色为白色，R、G、B 分量均为最小值 0 时混合色为黑色。RGB 相加混色模型的表色原理类似于自发光物体，颜色由多种波长的光叠加而成。计算机彩色显示器都是采用 RGB 相加混色模型产生色彩的。

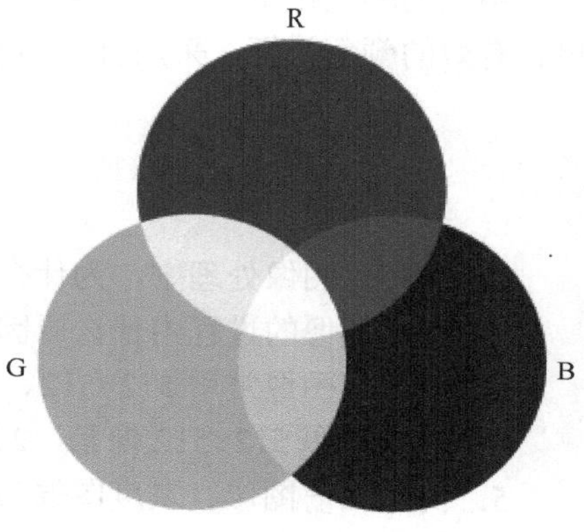

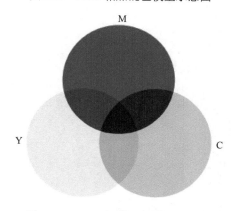

图 2.11　RGB 相加混色模型示意图

2．CMYK 相减混色模型

将青色（Cyan）、品红（Magenta）和黄色（Yellow）三种颜色的颜料按一定比例混合以标定颜色的模型，称为 CMY 相减混色模型，如图 2.12 所示。三种颜色混在一起时，会减少返回视觉系统的色光种类。青、品红和黄色等量相减时，没有任何色光传播回眼睛，呈现黑色。CMY 相减混色模型的显色原理，类似于不发光物体，颜色由被吸收或被反射的色光决定，例如彩色墨水和颜料。打印机打印彩色图像时，采用 CMY 相减混色模型。因为三种颜色的油墨均含杂质，实际混合时，只能产生深棕色，所以黑色将直接由黑色油墨（K）产生。如此一来，CMY 模型中加入黑色（K）作为基本色，形成 CMYK 模型。

图 2.12　CMY 相减混色模型示意图

3．YUV 颜色模型

YUV 颜色模型中，Y 代表亮度信号，U、V 代表色度信号，两类信号相互独立；颜色由亮度值和色度值来标定。亮度分量 Y 构成黑白灰度图；U、V 信号为色差值，构成两幅单色图。人眼对彩色图像的细节分辨本领远低于黑白图像，因此根据亮度信号 Y 获得细节丰富的无彩色图像，根据色差信号 U、V 进行"大面积涂色"处理。所谓"大面积涂色"，是指简并像素彩色信息，例如假定每 4 个相邻像素使用相同的 U、V 值，则 U、V 值所占存储空间将减少为原来的 1/4，这相当于一种压缩图像数据的手段。YUV 家族中，YCbCr 是计算机系统中应用最多的成员，Y 为亮度信息，Cb 指蓝色色度分量，Cr 指红色色度分量。

YIQ 模型和 YUV 模型有异曲同工之妙，二者色度信息的表达方式有所不同。Y 仍代表亮度信号，I 代表人眼最敏感的色度信息，与 U、V 信号大小相当；Q 代表人眼最不敏感的色度信息，大小仅是 I 信号的 1/3；I、Q 和 U、V 值可互相转化。YUV 模型使用于 PAL 彩色电视制式（欧洲电视系统）中，YIQ 模型使用于 NTSC 彩色电视制式（北美电视系统）中。

4. HSI 颜色模型

HSI 颜色模型从人的视觉系统出发，用色相 H（Hue）、饱和度 S（Saturation）和亮度 I（Intensity）来描述颜色。色相描述颜色的类别，由光波长决定；饱和度描述颜色的深浅，度量了纯色被白光稀释的程度；亮度即无彩色的强度概念。该模型非常适合需借助人的视觉系统来感知色彩特性的图像处理方法。

不同的颜色模型中，各分量值可相互转化求解。实际应用中，应根据具体问题，选择简单、有效的颜色特征，采用合适的颜色模型，对图像中彩色信息进行衡量或评价。

习　题

1. 在彩色图像处理中，为什么通常使用 HSI 模型？
2. 采集图像的过程中什么原因会导致图像模糊？
3. 为什么图像常用 512×512、256×256、128×128 等来表示？
4. 存储一幅 512×512 像素、256 个灰度级的图像需要多少位？
5. 简述二值图像、灰度图像与彩色图像之间的区别。

20

第3章　数字图像获取

3.1　数字成像系统

  传统的光学成像系统常常依靠人眼作为图像的接收器，而人眼的主观性使得系统对于图像的判别难以达到客观准确。随着光电图像传感器件的飞速发展，数字成像系统逐渐产生，其将光学、精密机械、电子和计算机等技术结合起来，产生了如照相/摄像机、监控系统、机器视觉系统、图像检测系统等适于现代生产生活的成像设备。其发展对于检测过程的标准化、数字化和自动化起到了极大的推动作用。同时，数字成像系统可以和其他相关控制系统进行很好的融合。

  数字成像系统一般由光电图像传感器、成像系统、照明系统、图像处理系统（硬件系统和软件系统）和图像传输系统组成。部分数字成像系统还包括图像存储系统、图像显示及输出系统等辅助系统。其中，图像传感器是数字成像系统的核心，它的出现使得成像系统的数字化得以实现。

3.1.1　数字照相系统

  数码照相机是典型的数字照相系统。数字照相系统的光学成像原理与光学照相机相同，如图 3.1 所示。其与光学照相机的主要区别在于数字照相系统利用光电传感器件取代了传统的胶片，直接将光信号转化为电信号进行存储。

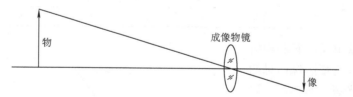

图3.1　照相系统的光学成像原理

  与光学照相机相同，数字照相系统物镜的主要光学参数有焦距 f'、相对孔径 D/f' 和视场角 2ω。其接收器件为光电传感器，常用的有 CMOS 和 CCD，其主要参数为感光区域的对角线长度 y' 和分辨率 N_r。

1. 视场

  照相系统的视场由物镜的焦距和接收器的尺寸决定。当接收器的尺寸一定时，物镜焦距越短，其视场越大；焦距越长，视场越小。普通 120 照相机的标准镜头焦距为 90mm，135 照相机的标准镜头焦距为 50mm。

  常用的面阵 CCD 或 CMOS 感光元件的对角线尺寸一般为 1/3in（1in=2.54cm）和 1/2in。因此，物方的视场可以通过下式计算：

$$\tan\omega = \frac{y'}{2f'} \tag{3.1}$$

2. 分辨率

摄影系统的分辨率由物镜的分辨率和接收器的分辨率决定。分辨率以像平面内每毫米可以分辨开的线对数表示。设物镜的分辨率为 N_o，接收器的分辨率为 N_r，系统的分辨率 N 可以由经验公式式（3.2）求得：

$$\frac{1}{N} = \frac{1}{N_o} + \frac{1}{N_r} \tag{3.2}$$

3. 像面照度

摄影系统的像面照度由系统的相对口径决定。对于大视场物镜，其视场边缘的照度 E'_m 与视场中心的照度 E' 的关系为

$$E'_m = E'\cos^4\omega' \tag{3.3}$$

式中，ω' 是像方视场角。

视场中央的照度由式（3.4）计算：

$$E' = \frac{\pi\tau L}{4}\left(\frac{D}{f'}\right)^2 \tag{3.4}$$

式中，τ 是系统的透过率；L 是物体的亮度。

式（3.4）表明，可以通过调节孔径光阑的大小改变像面照度。相对孔径的倒数称为物镜的光圈数 F。光圈数的分档见表 3.1，从像面最亮到像面最暗的分度是按照相邻档位的照度依次减半分档的。由于像面照度与相对孔径的二次方成正比，因此相对孔径按照 $1/\sqrt{2}$ 等比级数变化。同理，光圈数按照 $\sqrt{2}$ 的等比级数变化。

表 3.1　光圈数的分档

D/f'	1:1.4	1:2	1:2.8	1:4	1:5.6	1:8	1:11	1:16	1:22
F	1.4	2	2.8	4	5.6	8	11	16	22

图 3.2 为一款单反数码照相机的光学成像原理。携带图像信息的光通过物镜、反光镜、对焦屏、聚光透镜、五棱镜和目镜进入人眼，由人眼进行判别后按下快门，则反光镜同时弹起，携带图像信息的光照射在图像传感器上，图像传感器将光信号转化为电信号存储在照相机的存储设备中。

近年来智能手机的出现，大大扩展了数字照相系统的应用范围，并且随着其功能的不断完善，手机的照相功能已逐渐取代了消费级的数码照相机。

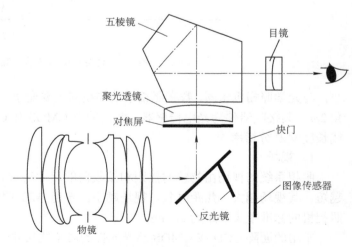

图 3.2　单反数码照相机的光学成像原理

3.1.2　数字显微成像系统

传统光学显微镜是广泛应用的一种光学仪器，但只能由人眼接收显微信息。如果采用数字成像器件接收显微图像，则可以实现图像的保存以及图像的自动分析与处理。数字显微成像系统无需目镜，而是将数字成像器件（例如 CCD）直接放置在物镜的一次成像面的位置上，如图 3.3 所示。

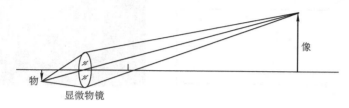

图 3.3　数字显微成像系统的原理示意图

但是由于显微物镜的像方视场较大，而数字成像器件的尺寸较小，因此实际的数字显微成像系统仍然保留了人眼通过目镜进行观察的功能，如图 3.4 所示。

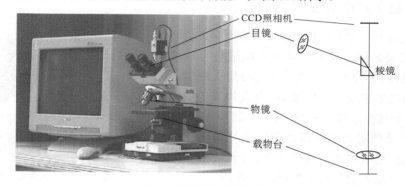

图 3.4　数字显微成像系统

在实际的使用过程中，使用棱镜时观察人员可通过目镜进行观测；当移开棱镜时，可通过 CCD 照相机形成数字图像。采用数字显微成像系统所得的图像如图 3.5 所示。

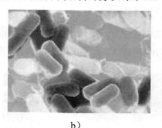

| a) | b) |

图 3.5　显微图像

a）微转头　b）生物细胞

3.1.3　数字望远成像系统

与数字显微成像系统相似，数字望远成像系统是在望远物镜的焦平面上放置数字成像器件。最有名的数字望远成像系统当属美国的哈勃望远镜，它是卡塞格伦式光学望远系统，采集和存储了大量的天文照片。图 3.6 为哈勃望远镜的结构及外形。图 3.7 为哈勃望远镜采集到的天体照片。

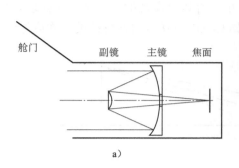
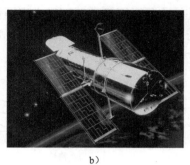

图 3.6　哈勃望远镜的结构及外形

a）结构　b）外形

3.1.4　其他数字成像系统

通过前几节的介绍不难看出，传统的光学成像系统通过以数字成像器件代替人眼的方式构成数字成像系统（放大镜除外）。此外，一些无法直接用人眼接收的信息也可以通过数字成像器件采集，并使用新的成像理论成像，进而形成数字成像系统。数字成像系统建立的关键是根据系统使用背景及成像特性选择数字化的成像器件或采用新的成像理论进行成像。下面将介绍几种常见的无法直接用人眼观察的数字成像系统。

图 3.7　哈勃望远镜采集到的天体照片

1．X 射线成像系统

X 射线检查在医学、工业探伤等领域有着广泛的应用。X 射线穿透性强的特点可以使其对物体内部进行成像。X 射线成像系统一般由 X 射线源、X 射线探测器（可直接将 X 射线强度数字化）和微处理器组成。

图 3.8 为 X 射线检查的人脚骨和汽车轮胎的图像。由于 X 射线对不同物体的穿透能力不同，图中可以清楚地观察到人脚的骨骼和汽车轮胎内部钢丝的形态。

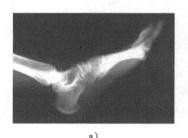
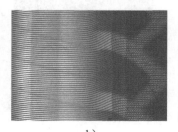

图 3.8　X 射线成像

a）人脚骨　b）汽车轮胎

2．超声成像系统

由于超声波的传输速度以及衰减程度在各人体组织中各不相同，可以利用超声波对人体软组织进行检测。超声成像系统包括超声发射系统、接收系统和处理系统。超声发射系统中的探头可发射超声信号，接收系统接收信号，后续处理系统将超声信号转化为数字信号进行存储。图 3.9 为内窥超声探测食道的图像。

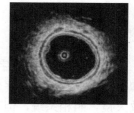

图 3.9　超声图像

3．红外成像系统

由于红外线超出了人眼的光谱响应范围，因此人眼无法直接观察到红外线所成的像，通过红外成像系统可将红外线成像于红外探测器上形成红外图像。图 3.10 为红外图像。由于物体的温度高于绝对零度就会辐射红外线，且红外线的辐射量与温度有着确切的关系，因此红外成像系统还可以用于探测物体的温度。此外，设计红外光学系统时要注意普通的光学玻璃对红外线有较强的吸收，要选择红外透过率较高的材料。

a）　　　　　　　　　　　　b）

图 3.10　红外图像

a）地形　b）电厂

4．CT 成像系统

CT 是 Computerized Tomography 的缩写，意为计算机断层扫描。最早的 CT 成像使用的是 X 射线，随后又出现了电子 CT、核磁共振 CT、超声 CT 等。如图 3.11 所示，X 射线 CT 即用 X 射线对被测物体的某一层面进行扫描照射，在 X 射线源对面放置探测器，接收该层面的 X 射线。探测器接收到 X 射线源发出的射线，将其转换为电信号，数字化后由计算机处理生成图像，进而得到该方向上的物理参数分布。当 X 射线源旋转一周后，探测器将获得被测物各个方向上的物理参数分布。图 3.12 为脑部 CT 图像的重建结果。

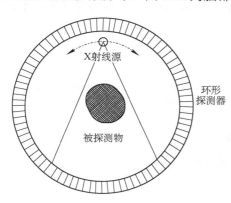

图 3.11　CT 的扇形扫描方法示意图

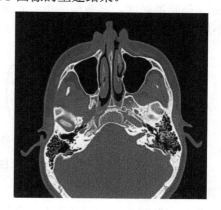

图 3.12　脑部 CT 图像

25

3.2 照明系统

3.1 节中介绍的数字成像系统的功能可以概括为：对物方一定范围内光能量的收集、传递和接收，以及将其数字化。一般情况下，这些系统可以在自然光条件下使用，如望远系统、放大镜、照相系统，但有些系统则需要特定的照明才能发挥系统的功能。因此，下面将讨论与照明相关的问题。

3.2.1 照明系统设计的基本原则

照明系统主要由光源及聚光镜（也可以没有）组成，其作用是获得均匀照明条件且保证后续光学成像系统所需的能量。因此，照明系统在设计过程中应该从以下三个方面进行研究：照明系统是否能够提供充足的能量；照明系统是否能将被测物进行均匀地照明；照明系统是否具有较高的光能利用效率。

物体接收到的光的能量与照明系统中光源的能量和其利用效率有关。照明系统所提供的光的能量由它的拉赫不变量 J_1 决定，即

$$J_1 = n_1 u_1 y_1 \tag{3.5}$$

式中，n_1 是物方折射率；u_1 是聚光灯的孔径角；y_1 是光源半高度。

为了使光源提供的光的能量能够全部进入后续的光学系统，在光学设计中应满足照明系统的拉赫不变量大于光学系统的拉赫不变量；另外，还要满足照明系统的出射光瞳和出射窗与光学系统的入射光瞳和入射窗重合，或者满足照明系统的出射光瞳和出射窗与光学系统的入射窗和入射光瞳重合。

3.2.2 临界照明和柯勒照明

照明可以分为透射光亮视场、反射光亮视场、透射光暗视场和反射光暗视场 4 种照明方式。其中，透射光亮视场是一种较为广泛的照明方式，这种照明方式又分为临界照明和柯勒照明两种。

1. 临界照明

图 3.13 是临界照明。它结构简单，光能利用率高，但由于光源的像成在物平面上，因此光源的不均匀性会直接影响观察效果。

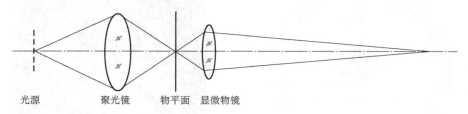

光源　　　聚光镜　　物平面　显微物镜

图 3.13　临界照明

2. 柯勒照明

图 3.14 是柯勒照明。它不是将光源直接成像在物平面上，因此它可以消除临界照明中由

26

于光源的不均匀给观察带来的影响，从而获得了均匀的照明。其结构较为复杂，光能损失较大。

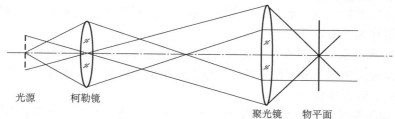

图 3.14　柯勒照明

3.2.3　LED 照明系统

　　一般来说，只要是发光的物体均可以用作光源，随着新技术的出现，照明光源发生了很大变化。其中，以 LED 为代表的新一代光源为很多复杂条件的照明提供了可能。由于 LED 的体积很小，因此在使用的过程中需要通过对 LED 进行组合后使用；同时又因为每个 LED 具有很高的光亮度，因此直接照明时会出现明显的亮斑。为了使得照明更加均匀，可在 LED 光源前添加朗伯透射体。

　　日本的 CCS 公司是生产 LED 光源的知名公司，下面将主要介绍几种基于它们生产的 LED 的照明系统。

　　基于 LED 的照明系统十分灵活，可根据被照对象的特点来排列 LED。如图 3.15a 所示，在伞状结构中排列 LED 光源，伞的角度可根据需要设定，使得照明区域的中心亮度很高，这种照明系统是最常用的一种照明系统，可应用于标签检测、IC 芯片的字符检测等。如图 3.15b 所示，在 LED 阵列前放置柱面透镜，这种光源结构可产生线状光，常应用于宽幅面物体的检测。如图 3.15c 所示，将 LED 照明的角度设置得很低，可产生反射光暗视场的照明效果，可应用于表面损伤和刻印标记的检测。如图 3.15d 所示，将 LED 排列在面积较大的平面内以产生平滑的均匀的照明，可应用于多种标记的检测；在实际应用中，根据需要可将 LED 排列在圆形或方形的结构支架中。图 3.15e～h 则分别是图 3.15a～d 的实际外形。另外，还可以将 LED 发出的光耦合入光纤，形成光纤光源。

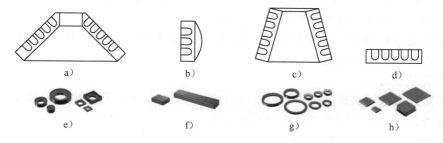

图 3.15　几种常见的 LED 照明系统

3.2.4　结构照明系统

　　为了获取物体的三维信息，需要相适应的结构照明系统进行照明。最简单的结构照明系统如图 3.16a 所示，具有高亮度和良好方向性的激光被投射在待测物体表面，点结构照明将光能集中在一个点上，具有较高的信噪比，可以测量远距离的物体。由于每次只有一个点被测量，为了形成完整的三维面形，必须附加二维扫描。对于单点投影的三角测量系统，通常采用面阵探测器作为接收器件。

第 2 种结构照明系统如图 3.16b 所示，该结构投射线结构光到待测物体表面，形成线结构照明。采用这种照明的传感系统常使用二维面阵探测器作为接收器件，只需附加一维扫描即可形成完整的三维面形数据。

第 3 种结构照明系统如图 3.16c 所示，该结构将二维图形投射到待测物体表面，形成面结构照明。最简单的面结构照明由多个线结构光束构成，与单线结构相比，多线结构照明每次测量可以得到多个剖面的数据。

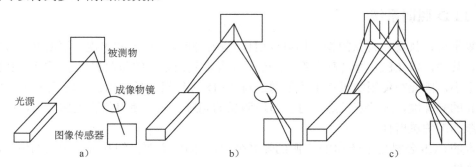

图 3.16　结构照明系统

a）点投影　b）线结构光投影　c）多线结构光投影

3.3　图像数据的处理与传输

图像的处理主要包括：

（1）图像处理软件

通过计算机软件实现图像处理，即利用现有的软件或者用户编写程序进行图像处理。目前应用最广的图像处理软件是由 Adobe 开发和发行的 Adobe Photoshop，简称 PS。PS 主要处理以像素构成的数字图像，使用其众多的编修与绘图工具，可以更有效地进行图片编辑工作。用户编写程序的软件平台有 MATLAB、OpenCV 等。

通过软件处理是最常用的图像处理方式，但此种方式要占用 CPU 几乎全部的处理能力，速度相对较慢，不适于实时处理。

（2）图像处理芯片

当图像处理要求较高速度时，可以采用硬件处理方式，例如常用的基于 DSP、FPGA 等器件的数字处理平台系统可实现图像的硬件处理。

（3）云处理

云处理是一种基于网络的新型图像处理概念，最早的云处理概念是由 Google 提出，它旨在通过网络把多个普通的商用计算机整合成具有强大计算能力的云系统。基于云计算的图像处理流程是将需要处理的图像从用户端上传到云平台，经过云平台的处理后完成图像处理，最后再下载到客户端完成图像处理功能。

图像的传输是指图像在不同的客户端间的传输。获取图像后，需要以一定的方式传输图像，根据使用条件的不同，常用的图像传输方式包括有线传输和无线传输两种。

目前，有线传输主要是通过光纤网络进行图像信号的传输。而无线传输可以突破有线传输中的物理网络的限制，利用空间电磁波实现站点之间的通信，可为广大用户提供移动通信。无线通信的方法有无线电波、微波、蓝牙和红外线，皆属于电磁波传输，区别在于频段不一样。

在图像获取与传输功能的基础上，再辅助以图像存储系统、图像显示系统及图像输出系统，则可构成一个完整的数字图像系统。

习　　题

1. 探测车在检测路面上的裂缝时，所使用的图像采集设备应具有怎样的特点？
2. 思考医用内窥镜成像系统为什么使用冷光源照明。
3. 数字成像系统中，光源与目标之间的位置关系有哪几种？分别适用于什么场合？
4. 现在的智能手机大多采用后置双摄像头的设计，相比单摄像头具有哪些优势？

第4章 图像增强

4.1 图像增强概述

图像增强即采用一系列技术去改善图像的视觉效果，或将图像转换成一种更适合于人或机器进行分析和处理的形式。

图像增强技术极具目的性与针对性，其目的是为了使处理后的图像比原图像更适于特定应用，与目标特点、处理目的、用户习惯紧密相关。适合某一问题、某种图像的方法，往往不一定适合于另一问题、另一图像。

图像增强效果的判定以其处理目的为依据。当增强目的为提升图像的视觉效果时，常常由观察者来判定所采用特定方法的优劣；而当增强目的为满足机器视觉处理的需要时，则突出需要的特定信息成为关键。图 4.1 给出了一组图像增强前后的对比，图像经过增强后，观察者针对画面视觉效果是否有所提升来判定增强效果，而机器视觉则更看重其是否能够突出所需信息，如文字、人物等。

a)　　　　　　　　　　　　　　　b)

图 4.1　一组图像增强前后的对比图

a）Lena 图像　b）Lena 图像增强后结果

图像增强方法按作用域不同，可分为空域增强和频域增强两类。空域增强是直接对图像像素进行处理，而频域增强是将图像经傅里叶变换后的频谱成分进行处理，然后经逆傅里叶变换获得所需的图像。空域增强根据处理对象的不同，可分为在整个图像空间域进行的全局运算、在像素和邻域点之间进行的局部运算以及对图像进行逐点运算的点运算；而根据处理方式的不同可大致分为灰度变换、直方图处理、平滑以及锐化。

图像增强的过程可表示为

$$g(x, y) = T(f(x, y)) \tag{4.1}$$

式中，$f(x, y)$ 是输入图像；$g(x, y)$ 是处理后的图像。式（4.1）的含义为输入图像 $f(x, y)$ 经过图像增强得到处理后的图像 $g(x, y)$。T 是对输入图像 $f(x, y)$ 进行的一种操作。

4.2 灰度变换

灰度变换是通过调整图像直方图到一个预定形状实现的，是图像增强中较为基础的方法。图 4.2 显示了灰度变换中常见的三类基本变换为线性变换（正比、反比）、幂次变换（幂和方根）、对数变换（对数和反对数）。在这三种基本变换外，还应考虑分段变换的情况。

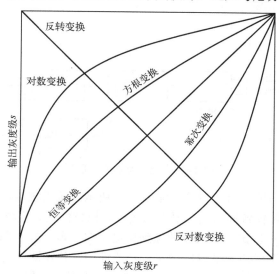

图 4.2　一些基本的灰度变换函数

注：反转变换和恒等变换分别为特殊的反比变换和正比变换。

4.2.1　线性变换

线性变换中较为常见的一种处理方式是图像反转。对于灰度级范围在$[0, L-1]$的图像，其图像反转可由图 4.2 中的反比变换得到，该反转图像由下式给出：

$$s = (L-1) - r \tag{4.2}$$

式中，r 是输入灰度；s 是输出灰度。其物理意义为：通过倒转图像的强度产生灰度反转图像。这种类型的处理通常应用于需要突出特定目标、显示不同效果景物的情况。例如，图像反转处理可适用于在图像黑色面积占据主要地位的情况下，增强一幅图像暗区域中较亮的细节。图 4.3 给出了图像反转示例。

4.2.2　幂次变换

幂次变换也称为伽马校正（γ 校正）。图像获取、打印和显示的各种装置一般根据幂次规律产生响应，幂次等式中的指数为 γ 值。用于修正幂次响应的过程称为幂次变换。幂次变换的

a)

b)

图 4.3　图像反转示例

a）原始图像　b）反转图像

基本形式为

$$s = cr^{\gamma} \tag{4.3}$$

式中，s 是输出灰度值，r 是输入灰度值，c 是常数；γ 是幂次变换的指数值，通常为正数。

光电成像系统的原理如图 4.4 所示，物体反射光信号被成像设备捕获，光信号通过光电转换单元转换为电信号，最终在计算机中被处理或者在显示器上显示。

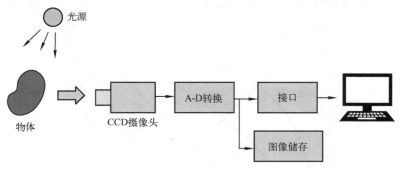

图 4.4　光电成像系统的原理

光电成像系统各部分的信号传输特性如图 4.5 所示。该系统包括摄像器件、传输通道及显示器件，因此其总的传输特性由摄像器件的光电转换特性 γ_1、视频通道的传输特性 γ_2 及显示器件的电光转换特性 γ_3 决定。从获取图像到传输图像，再到显示图像，最后到人眼观察的这一成像过程中，获取图像的光电转换特性 γ_1 是线性的，传输图像的传输特性 γ_2 可自定义，而显示图像时的成像设备，例如阴极射线管（CRT）、液晶显示器（Liquid Crystal Display，LCD）、等离子显示板（Plasma Display Panel，PDP），均具有非线性的电光转换特性。

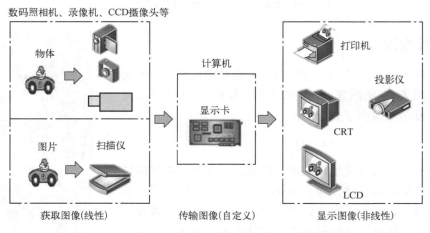

图 4.5　光电成像系统各部分的信号传输特性

光电成像系统各部分器件的输入、输出特性都是一个幂函数，即如果输入光信号强度为 L，输出的光信号强度为 I，则输入、输出之间的关系满足

$$I = cL^{\gamma} \tag{4.4}$$

式中，c 是放大倍数，是一个常数；γ 是幂函数的指数，用来衡量非线性部件的转换特性。整个系统的转换特性 $\gamma = \gamma_1\gamma_2\gamma_3$。这种特性称为幂律（Power-law）转换特性，又称为 γ 特性。

为弥补图像系统中非线性传输环节的影响，可对输出结果增加一个幂次变换作为补偿，其值是其他所有 γ 乘积的倒数，则系统转换特性变为线性。

在很多情况下，并非系统满足 $\gamma=1$ 就实现了图像亮度的校正。人眼在观察图像时，视觉特性还会受到周围环境的影响。若在明亮环境下，$\gamma=1$ 时的输出图像与"原始场景"相似，即实际白色物体亮度与图中亮度几乎相同。在黑暗环境下，$\gamma=1.5$ 时的输出图像与"原始场景"相似，即周围环境比图像画面的亮度暗许多。而在亮度一般的室内观看图像，$\gamma=1.25$ 时的输出图像常常较为合适。

4.2.3　对数变换

图 4.2 中的对数变换的通用形式为

$$s = c\lg(1+r) \tag{4.5}$$

式中，c 是放大系数；r 是输入图像灰度；s 是输出灰度。对数变换的物理意义在于该变换可以使一幅窄带低灰度输入图像映射为一幅宽带高对比度输出图像，可以利用这种变换来扩展被压缩的高值图像中的暗像素。图 4.6 给出了对数变换前后图像对比。可以观察到，经变换后原图中灰度为 22 的点的灰度被提升至 128，原先 0～22 的灰度区间被扩展为 0～128，实现了低灰度值的提升和扩展。

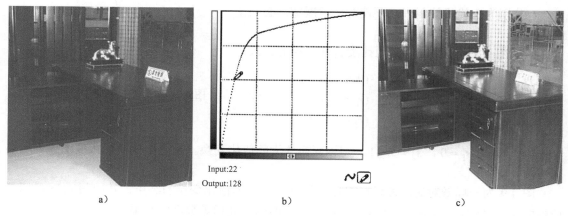

a)　　　　　　　　　　b)　　　　　　　　　　c)

图 4.6　对数变换前后图像对比

a）原始图像　b）对数变换函数　c）图像对数变换结果

4.2.4　分段变换

分段变换中较为常见的一种处理方式是对比度拉伸（展宽）变换。在图像获取过程中，时常会出现如下情况：

1）成像时光照不足，使得整幅图像偏暗。

2）成像时光照过强，使得整幅图像偏亮。

3）光敏器件本身动态范围太小，使得整幅图像的亮度集中在中间灰度级。

这三种情况都会形成低对比度图像。图 4.7 给出了低对比度图像获取过程中常见的三种情况。

a)　　　　　　　　　　b)　　　　　　　　　　c)

图 4.7　低对比度图像获取过程中常见的三种情况

a）图像偏暗　b）图像偏亮　c）图像动态范围偏小

对比度拉伸变换即图像灰度值的线性映射，它可以扩展图像灰度级的动态范围。图 4.8 显示了对比度拉伸变换的典型函数，处理前后图像的灰度范围均为[0, $L-1$]。该变换通过点 (r_1, s_1) 和点 (r_2, s_2) 的位置控制变换函数的形状，进而实现抑制不重要信息、展宽对比度等效果。设 r 代表处理前的图像，s 代表处理后的图像，t_1、t_2、t_3 分别为三线段的斜率，要使对比度展宽，必须使 $t_2 > 1$。

根据图 4.8 可写出如下的对比度拉伸变换的公式：

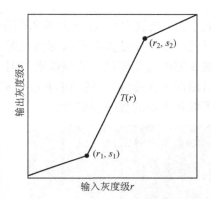

图 4.8　对比度拉伸变换的函数形式

$$s = \begin{cases} rt_1 & (0 \leqslant r \leqslant r_1) \\ r_1 t_1 + (r - r_1) t_2 & (r_1 < r \leqslant r_2) \\ r_1 t_1 + (r_2 - r_1) t_2 + (r - r_2) t_3 & (r_2 < r \leqslant L-1) \end{cases} \quad (4.6)$$

令 $r_1 = r_2 = m$，$s_1 = 0$，$s_2 = L-1$，则该变换变为阈值化变换。阈值化变换使灰度图成为一幅二值图。

图 4.9 为一幅低对比度图像经对比度拉伸变换和阈值化变换的结果，其中图 4.9c 显示了使用前面定义的 $r_1 = r_2 = m$，$s_1 = 0$，$s_2 = L-1$ 的阈值处理函数后的结果。

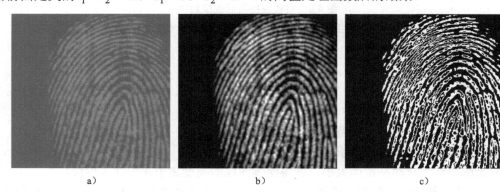

a)　　　　　　　　　　b)　　　　　　　　　　c)

图 4.9　一幅低对比度图像经对比度拉伸变换和阈值化变换的结果

a）低对比度图像　b）对比度拉伸变换的结果　c）阈值化变换的结果

图 4.10 为一幅航拍图像对比度拉伸变换前后的效果比较。

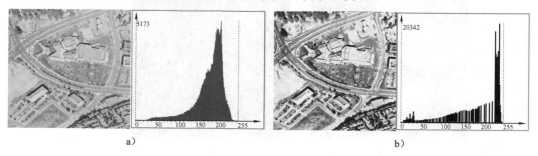

a)　　　　　　　　　　　　　　　　b)

图 4.10　一幅航拍图像对比度拉伸变换前后的效果比较

a）航拍图像及其直方图　b）航拍图像的对比度拉伸变换结果及其直方图

除线性变换外，非线性变换也是一种常见的灰度变换。幂次变换和对数变换是较为常见的两种非线性变换。

4.2.5　灰度切割

在前面所讨论的方法中，提到了对比度拉伸变换，这种变换实际上是分段线性函数的应用。此外，灰度切割也是分段函数的一种具体应用。

灰度切割通常称为灰度级分层，用于在图像中提高特定灰度范围的亮度，如图 4.11 所示，常应用于增强图像特征，如突出卫星图像中水域和 X 射线图像中的缺陷等。灰度切割可以由许多方法实现，大多数方法都是由两种基本方法变形得到的。第一种方法被称为二值灰度分割，如图 4.11a 所示，提升[A,B]范围的灰度级至某一灰度级，并将其他灰度级赋为另一恒定灰度级，该变换产生了一幅二值图像。第二种方法称为特定灰度增强，如图 4.11b 所示，提升[A,B]范围的灰度级至某一灰度级，但保持其他所有灰度级不变。

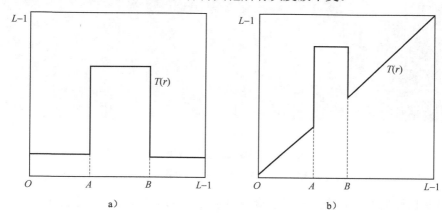

a)　　　　　　　　　　　　　　　　b)

图 4.11　常见的两种灰度切割方法

a）二值灰度分割　b）特定灰度增强

图 4.12 为心脏冠状动脉 CT 图像的钙化提取。该示例使用灰度分割来粗略提取冠状动脉硬化形成的钙化部分，其中钙化部分用左图中虚线框示出。在心脏冠状动脉 CT 原始图像中，钙化点的灰度值为 255，通过对这个灰度值的分割可粗略提取出钙化部分。

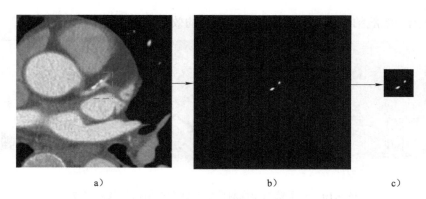

a)   b)   c)

图 4.12　心脏冠状动脉 CT 图像的钙化提取

a）CT 图像　b）灰度切割结果　c）钙化部分提取

4.3　算术、逻辑操作

对图像进行算术、逻辑操作，也是一种较为有效的图像处理方法，常用方法主要有图像加法处理、图像减法处理、多图像平均三类。

图像加法是将前后两幅图像相加，得到和作为结果图像，其公式如下：

$$g(x,y) = f(x,y) + h(x,y) \tag{4.7}$$

式中，$f(x,y)$、$h(x,y)$ 分别是参与相加的两幅图像；$g(x,y)$ 是结果图像。图 4.13 是图像加法处理效果的一个例子，Lena 图像和气泡图像通过加法处理后获得一幅合成图像。

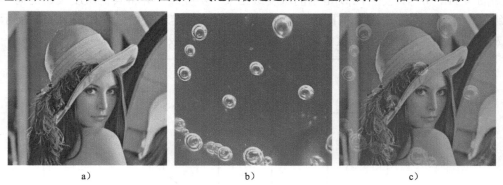

a)   b)   c)

图 4.13　图像加法处理效果示例

a）Lena 图像　b）气泡图像　c）图 a 和图 b 相加的结果

图像减法也称为差分方法，常用于检测图像变化及运动物体，其公式如下：

$$g(x,y) = f(x,y) - h(x,y) \tag{4.8}$$

图像在获取和传输的过程中可能会受到多种噪声的干扰，若图像噪声是非相关的，具有零均值的随机噪声可对多幅图像取平均消除，其公式如下：

$$g(x,y) = \frac{1}{N} \sum_{i=0}^{N-1} f_i(x,y) \tag{4.9}$$

当 N 幅图像平均时，随机噪声为单幅图像的 $1/N$。

4.4　直方图处理

4.4.1　图像对比度

为了分析图像质量，此处引入图像对比度（简称对比度）的概念。对比度指图像亮暗的对比程度，通常而言，对比度表现了图像画质的清晰程度。图 4.14 为不同对比度的两幅人物图像，可以看出，对比度小的图像观感不清晰，而对比度大的图像较为清晰。

a)　　　　　　　　　　　　b)

图 4.14　不同对比度的两幅人物图像

a）低对比度图像　b）高对比度图像

对比度的计算公式如下：

$$C = \sum_\delta \delta^2(i,j) P_\delta(i,j) \qquad (4.10)$$

式中，$\delta(i,j)$ 是相邻像素间的灰度差，$\delta(i,j) = |i-j|$；$P_\delta(i,j)$ 是相邻像素间的灰度差为 $\delta(i,j)$ 的像素分布概率。

像素相邻有四近邻和八近邻两种定义，如图 4.15 所示。四近邻是指当前像素点的水平和垂直方向上的四个像素点，即四邻域的点；八近邻则是当前像素点的八邻域的点。

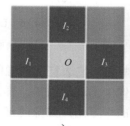 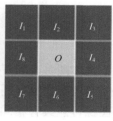

a)　　　　　　　　b)

图 4.15　四近邻和八近邻的定义

a）点 $I_1 \sim I_4$ 为点 O 的四近邻

b）点 $I_1 \sim I_8$ 为点 O 的八近邻

计算图像对比度时，相邻像素灰度差为 δ 的像素分布概率 $P_\delta(i,j)$ 在不同大小的图像中有不同的概率值。以四近邻定义为例，表 4.1 列出了几种不同大小的图像对应的 $P_\delta(i,j)$ 值。

4.4.2　直方图

直方图是多种空间域处理方法的基础。直

表 4.1　几种不同大小的图像对应的 $P_\delta(i,j)$ 值

图像大小/像素	$P_\delta(i,j)$ 值
2×2	$P_\delta(i,j) = 1/8$
3×3	$P_\delta(i,j) = 1/24$
4×4	$P_\delta(i,j) = 1/48$
5×5	$P_\delta(i,j) = 1/80$

方图全称为数字图像的灰度直方图，它是灰度级的函数，是对图像中灰度级分布概率的统计，表示为图像中每种灰度出现的次数占所有像素的比例。直方图有两种表示形式：

1）图形表示形式：横坐标表示灰度级，纵坐标表示图像中对应某灰度级像素出现的概率。

2）数组表示形式：数组的下标表示相应的灰度级，数组的元素表示该灰度级下像素出现的概率。

直方图提供了图像的灰度级分布情况，其数学表达式如下：

设图像 $f(x,y)$ 的像素总数为 n，灰度级总数为 L，灰度级为 r_k 的像素共有 n_k 个，则

$$P_r(r_k) = \frac{n_k}{n} \qquad k = 0,1,\cdots,L-1 \tag{4.11}$$

称为 $f(x,y)$ 的直方图。r_k 为原图像的某一灰度级，$P_r(r_k)$ 为灰度级 r_k 对应的像素在图像中出现的概率。归一化直方图的所有分量之和应等于 1。

直方图的水平轴对应于灰度级 r_k，垂直轴对应于值 $P_r(r_k)$。这样，直方图就可以简单地看成是 $P_r(r_k)$ 对应于 k 的图形。图 4.16 给出了 Lena 图像及其直方图。为便于绘图，纵坐标取各灰度级的像素点数。

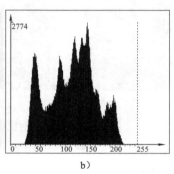

a）　　　　　　　　　　　　b）

图 4.16　Lena 图像及其直方图

a）Lena 图像　b）直方图

直方图具有如下特性：它表征了图像的一维信息，却舍弃了图像空间信息，可直接获取每一灰度级像素在图像中出现的概率；直方图与图像之间的关系是一对多的映射关系，即不同图像可能具有相同的直方图；图像的直方图通常用于对图像进行定性分析；若图像分解为多个子图像，则子图直方图之和等于整图的直方图。

直方图的用途主要体现在以下两个方面：

1）可以作为图像数字化的参数。直方图能够用来判断一幅图像是否合理利用了全部被允许的灰度级范围，也可以判断图像灰度是否均匀。若直方图中曲线连续平滑，表示灰度分布均匀，层次丰富。若直方图中灰度级分布不连续，则等于增大了量化间隔，从而导致图像表现效果的恶化。另外，若光照太强，可能会导致图像传感器多个单元饱和，则将在直方图的右端产生尖峰，图像效果也会变差。对直方图的快速分析可以及早发现光电成像过程中存在的某些问题。

图 4.17 给出了船舶图像在不同量化等级（256、16 和 2）下的表现效果。从图中可以看出，若一幅图像的像素值倾向于占据整个灰度级范围并且分布较为均匀，则该图像会有较丰富的灰度细节。

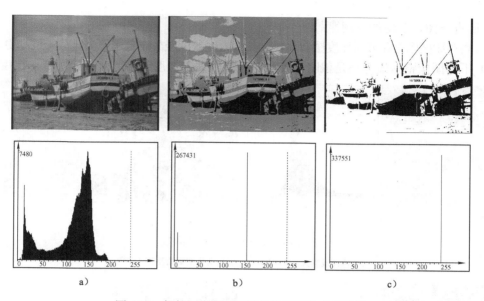

图 4.17 船舶图像在不同量化等级下的表现效果

a）量化等级为 256 b）量化等级为 16 c）量化等级为 2

2）可以作为图像分割阈值的选择依据。图像分割是进行图像识别、图像测量的一个不可缺少的处理环节。若图像的直方图具有二峰性，则可以根据直方图获得合适的分割阈值。

图 4.18 给出了通过直方图来对一幅指纹图像进行阈值分割的案例。从直方图可知，在 72、82、92 等少数几个灰度级部分直方图具有突然增高的垂线。通过试验，将分割阈值设定为 92，可获得图 4.18c 所示的指纹分割结果。在本示例中，指纹部位分割得不完整，出现断续的情况，这是因为按取指纹时，指纹很难完全拓印在纸张上。此时，可使用后续章节介绍的形态学方法，对图像做进一步处理。

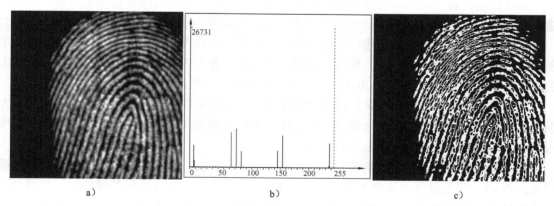

图 4.18 基于直方图的指纹图像阈值分割示例

a）指纹图 b）直方图 c）阈值分割（取值 92）

4.4.3 直方图均衡化

图 4.19 和图 4.20 分别给出了两组不同对比度的航拍图和办公桌图，观察图中的两组图像

及其对应直方图，发现如下规律：

1）高对比度图像和低对比度图像比较，其直方图灰度级分布范围更大，分布概率更均匀。

2）不论图像整体偏亮还是偏暗，若分布概率较大的灰度级被展宽，则图像对比度提高。

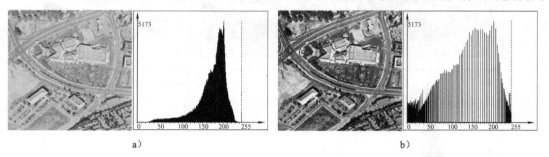

a）   b）

图 4.19   不同对比度的航拍图

a）原图及其直方图   b）直方图均衡化结果图及其直方图

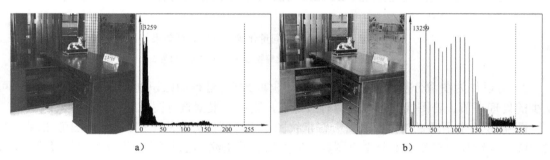

a）   b）

图 4.20   不同对比度的办公桌图

a）原图及其直方图   b）直方图均衡化结果图及其直方图

也就是说，若一幅图像的像素倾向于占据整个可能的灰度级范围并且分布均匀，则该图像会有较高的对比度，为此需要一种通用的提高图像对比度的变换方法，这就是直方图均衡化。

直方图均衡化的定义为：通过灰度变换使一幅图像的直方图达到均衡，即尽量使每一个灰度级上分布的像素数相等。其原理为对图像中像素个数多的灰度级进行展宽（即占据更大的灰度级数量），而对像素个数少的灰度级进行合并，从而提高图像对比度。

直方图均衡化的基本思想是通过减少图像的灰度级数量以换取对比度的扩大，借助直方图变换实现灰度映射；或描述为通过变换使原图的直方图的灰度级均匀分布，增加像素灰度级的动态范围，从而增强图像整体对比度。

直方图均衡化的理想情况为变换后直方图 $P_r(r_k)$ 为常数。因此，其变换过程为寻找灰度级变换 $T(r_k)$，尽量使结果图像的直方图 $P_r(r_k)$ 为一个常数。在进行实际的操作时，常通过强制认为累积分布函数 $P_a(j)$ 是我们要找的变换函数 $T(r_k)$ 来实现。下面举例介绍直方图均衡化实现步骤。

设图像 $f(x, y)$ 的像素总数为 n，灰度级总数为 L，r_k 为原图像的灰度级，r_k' 为原图像的归一化灰度级，灰度级为 r_k 的像素共有 n_k 个，$P_r(r_k)$ 为灰度级 r_k 对应的像素图像中出现的概率。

对一幅大小为 $M \times N (n = M \times N)$ 像素、灰度级 $L=256$ 的灰度图像做直方图均衡化，其均衡化实现步骤如下：

1）求直方图，列出原始图像灰度级 r_k ，归一化灰度级 r_k' ， $k=0,1,\cdots,255$ 。

2）统计原始直方图各灰度级像素数 n_k 。

3）利用 $P_r(r_k) = \dfrac{n_k}{n}$ 计算原始直方图。

4）计算累计直方图， $P_a(j) = \sum_{j=0}^{k} p_r(r_j) = \sum_{j=0}^{k} n_j / n = s_k'$ 。

5）取近似值， $s_k = \text{int}\left[(L-1)s_k'\right]/(L-1)$ ，寻找最接近的 r_k' 。其中的 int 表示进行四舍五入运算。

6）确定映射对应关系（ $r_k' \rightarrow s_k$ ）。

7）统计新直方图各灰度级像素数 n_{sk} 。

8）利用 $P_s(s_k) = \dfrac{n_{sk}}{n}$ 计算新直方图。

例题：对一幅 64×64 像素、8 级灰度图像进行直方图均衡化。已知原始图灰度级 r_k =0, 1, 2,$\cdots$, 7，原始直方图各灰度级像素数 n_k =683，1122，783，682，373，230，125，98。

分析：图像像素总数 n=4096，灰度级总数 L=8，具体步骤见表 4.2。

表 4.2 具体步骤

步骤	参数	数值							
1	r_k	0	1	2	3	4	5	6	7
1	r_k'	0	1/7	2/7	3/7	4/7	5/7	6/7	7/7
2	n_k	683	1122	783	682	373	230	125	98
3	$P_r(r_k)$	0.17	0.27	0.19	0.17	0.09	0.06	0.03	0.02
4	$P_a(j)$	0.17	0.44	0.63	0.8	0.89	0.95	0.98	1
5,6	s_k	1/7→s_1	3/7→s_3	4/7→s_4	6/7→s_6	6/7→s_6	1→s_7	1→s_7	1→s_7
7	n_{sk}	0	683	0	1122	783	0	1055	453
8	$P_s(s_k)$	0	0.17	0	0.27	0.19	0	0.26	0.11

图 4.21 给出了本例在均衡化各阶段的直方图。

在直方图均衡化过程中， $s_k' = \sum_{j=0}^{k} n_j / n$ 是理解均衡化的关键。

根据上述示例，可以进一步理解直方图均衡化：

1）直方图均衡化的结果和理论结果有差异，图像灰度分布没有绝对平衡，原因在于图像是离散的，且灰度级较少。灰度级数量越多，均衡化后越接近均匀分布。

2）直方图均衡化后，图像对比度一定会增大。例如，图 4.19 中原图的对比度为 74，而结果图对比度为 675；图 4.20 中原图对比度为 283，结果图对比度为 672。

3）直方图均衡化过程就是将某一概率的灰度值整体修改为另一个灰度值，目的是使等长灰度区间内出现的像素概率接近相等，即均衡化改变的是某一概率的整体灰度值，所以并不会改变图像的信息结构。

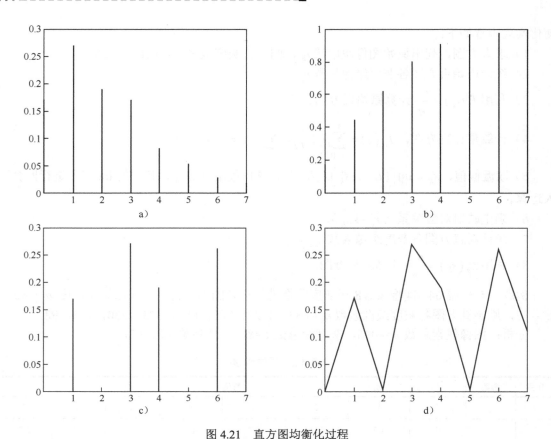

图 4.21　直方图均衡化过程

a）原始直方图　b）累计直方图　c）均衡化后的图像直方图　d）直方图包络线

习　　题

1．有一幅整体偏暗的图像，不能分辨其中的细节信息，此时单纯提高每个像素的灰度值大小能提高图像的对比度吗？若不能，应采用怎样的方法？

2．已知一幅图像的灰度分布（见表 4.3），说明其直方图均衡化过程。

表　4.3

r_k	1	2	3	4	5	6	7	8
n_k	1	7	21	35	35	21	7	1

3．说明一幅灰度图像的直方图分布和对比度之间的关系。

4．什么时候需要改变图像的直方图？

5．如何执行直方图操作并同时保留图像的信息内容？

6．为什么直方图均衡化一般并不产生具有平坦直方图的图像？

7．可能得到具有完全平坦直方图的图像吗？

8．如果图像具有不均匀的对比度，应当如何实现图像增强？

第 5 章　图像傅里叶变换

在前面几章中，数字图像均以二维数组的形式表示。从信号分析的角度来看，图像就是一种空间上的二维信号，对信号的分析和处理，频域变换功能强大、应用广泛。同样的，在对图像的理解和处理中，图像变换也起着至关重要的作用。

图像变换是图像处理技术的重要工具，在图像的增强、复原、编码与特征提取等方面都有着非常广泛的应用。

图像傅里叶变换是最常用的图像变换方法之一。从某种意义上说，傅里叶变换好比描述图像的第二种语言。只有熟练掌握这两种语言，自如地在空间域和变换域之间来回切换，才能真正理解图像。

5.1　基本概念

5.1.1　频域的直观理解

人们直观看到的世界都以时间为参照，如心脏的跳动、股票的走势都随时间变化而发生着变化。这种以时间作为参照来观察动态世界的方法称为时域分析。

任何在时域或空间中的函数，都可以看作是不同频率、不同振幅、不同相位的频率分量的叠加。将时空域和频域联系在一起的正是傅里叶变换。如图 5.1 所示，将一个空域中的矩形波通过傅里叶变换分解为很多个正弦波，其中 x 为时间轴，w 为频率轴，y 为振幅轴。

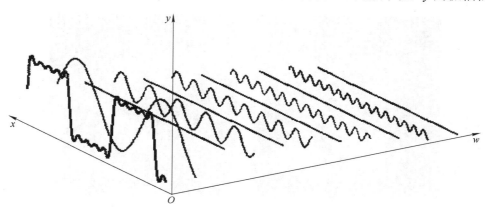

图 5.1　傅里叶变换的频域分解

从图 5.1 中可知，随着叠加的递增，所有正弦波中上升的部分逐渐让原本缓慢增加的曲线不断变陡，而所有正弦波中下降的部分又抵消了上升到最高处时继续上升的部分，使其变为水平线，一个矩形就这么叠加而成了。不仅仅是矩形，任何波形都是可以用正弦波叠加出来的。这里，不同频率的正弦波称为频率分量。

重要的是，不同的频率分量往往对应于时空域中某些规律和特征。在时空域中去除或增强这一特征往往较为困难，但如果在频域中，去除或增强某一频率分量是十分轻松的。这种在频域中去改变一些特定频率成分的方法被称为频域滤波。

5.1.2 图像变换

图像变换是为了用正交函数表示图像而对原图像所做的二维线性可逆变换。一般将原始图像称为空域图像，将变换后的图像称为变换域图像。变换域图像可以被逆变换为原始的空域图像。

图像变换必须是可逆的，它保证了图像变换后还可以逆变换回来。此外，变换算法本身不能太复杂，且变换能够简化图像处理过程。

图像变换将图像从空域转变到变换域，利用变换域性质进行加工。经过变换后的图像往往更有利于增强、压缩、特征提取和图像编码等图像处理工作。

图 5.2 是对一张登月照片的空域平滑和频域低通滤波的结果对比。

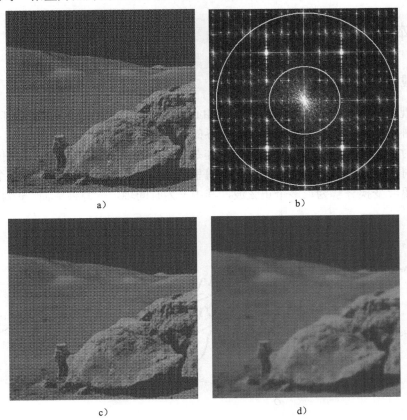

a)   b)

c)   d)

图 5.2 登月照片的空域平滑和频域低通滤波的结果对比

a）带大量周期性噪声的原始图像 b）原始图像的频谱图以及低通滤波器 c）空域平滑结果 d）频域低通滤波结果

实现图像变换的方法有很多，如离散傅里叶变换（DFT）、离散余弦变换（DCT）、沃尔什（Walsh）变换、哈达玛（Hadamard）变换、哈尔（Haar）变换和卡夫纳-勒维（K-L）变换等。这些变换的区别是选用了不同的函数作为基函数。

5.1.3　傅里叶变换的作用

傅里叶变换是图像变换中最常用的变换方法之一。人们常将傅里叶变换对图像的作用比作是棱镜对光的作用：玻璃棱镜（Glass Prism）可以将入射的白光分解成不同的颜色分量（即频率分量）；而傅里叶变换可看作是"数学棱镜"（Mathematical Prism），可将一个函数分解成为不同的频率分量。图 5.3 是傅里叶变换的作用。

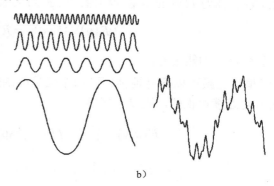

a)　　　　　　　　　　　　　　　　　　　b)

图 5.3　傅里叶变换的作用

a）光学棱镜的分光作用　b）傅里叶变换的频率分解

傅里叶变换是空域和频域之间的一座桥梁。空域是图像平面本身，空域处理是对图像像素的直接处理，如灰度变换、平滑滤波等。图像经傅里叶变换后得到频域矩阵，矩阵中各点是频率的权值分布，每一点都包含了空域所有点的一部分信息。

5.1.4　连续函数的傅里叶变换

1. 定义

令 $f(x)$ 为实变量 x 的连续函数，$f(x)$ 的傅里叶变换定义为

$$F(u) = \int_{-\infty}^{\infty} f(x)\exp(-\mathrm{j}2\pi ux)\mathrm{d}x \tag{5.1}$$

式中，$F(u)$ 是 $f(x)$ 的傅里叶变换；$\mathrm{j} = \sqrt{-1}$，是虚数单位；u 是频率变量。若已知 $F(u)$，则利用傅里叶逆变换可以求得

$$f(x) = \int_{-\infty}^{\infty} F(u)\exp(\mathrm{j}2\pi ux)\mathrm{d}u \tag{5.2}$$

式（5.1）和式（5.2）被称为傅里叶变换对。根据数学知识，如果 $f(x)$ 是连续可积的，而且 $F(u)$ 也是可积的，则此变换对存在。对于客观景物形成的图像函数来说，可以认为这些条件总是可以满足的。

考虑实函数 $f(x)$，一个实函数的傅里叶变换通常是复数，即

$$F(u) = R(u) + \mathrm{j}I(u) \tag{5.3}$$

式中，$R(u)$ 和 $I(u)$ 分别是 $F(u)$ 的实部和虚部。将式（5.3）表示成指数形式则为

$$F(u) = \left| F(u) \right| \mathrm{e}^{\mathrm{j}\phi(u)} \tag{5.4}$$

式中

$$\left| F(u) \right| = \left[R^2(u) + I^2(u) \right]^{1/2} \tag{5.5}$$

$$\phi(u) = \arctan \frac{I(u)}{R(u)} \tag{5.6}$$

函数 $|F(u)|$ 称为 $f(x)$ 的傅里叶频谱，而 $\phi(u)$ 为其相角。谱的二次方为

$$E(u) = \left| F(u) \right|^2 = R^2(u) + I^2(u) \tag{5.7}$$

一般称为 $f(x)$ 的能量谱。

傅里叶变换可以容易地推广到两个变量的函数 $f(x,y)$。如果 $f(x,y)$ 是连续可积的，且 $F(u,v)$ 是连续可积的，则以下变换对存在：

$$F(u,v) = \int_{-\infty}^{\infty} \int_{-\infty}^{\infty} f(x,y) \exp\left[-j2\pi(ux+vy) \right] \mathrm{d}x\mathrm{d}y \tag{5.8}$$

$$f(x,y) = \int_{-\infty}^{\infty} \int_{-\infty}^{\infty} F(u,v) \exp\left[j2\pi(ux+vy) \right] \mathrm{d}u\mathrm{d}v \tag{5.9}$$

与一维的情况一样，二维函数的傅里叶频谱、相位与能量谱分别由下列关系式给出：

$$\left| F(u,v) \right| = \left[R^2(u,v) + I^2(u,v) \right]^{1/2} \tag{5.10}$$

$$\phi(u,v) = \arctan \frac{I(u,v)}{R(u,v)} \tag{5.11}$$

$$E(u,v) = \left| F(u,v) \right|^2 = R^2(u,v) + I^2(u,v) \tag{5.12}$$

2. 空间频率

对图像信号而言，空间频率（Space Frequency）是指单位长度或单位空间内的亮度做周期性变化的次数，即线对/mm。傅里叶变换中出现的变量 u 和 v 通常称为频率变量，$\exp[-j2\pi(ux+vy)]$ 和 $\exp[j2\pi(ux+vy)]$ 称为变换的基函数，可以用欧拉公式将傅里叶变换的基函数表示成如下形式：

$$\exp\left[-j2\pi(ux+vy) \right] = \cos 2\pi(ux+vy) - j\sin 2\pi(ux+vy) \tag{5.13}$$

函数 $\cos 2\pi(ux+vy)$ 最大值所在位置的轨迹如图 5.4 所示。它是根据关系式

$$ux + vy = n \qquad n = 0, \pm 1, \pm 2, \cdots \tag{5.14}$$

得到的，由无数条平行直线组成。相邻两条平行线在 x 轴上的截距等于 $1/u$，在 y 轴上的截距等于 $1/v$，根据图形的几何关系得知，相邻两线之间的距离为 $1/\sqrt{u^2+v^2}$。从物理意义上说，此间距就是空间周期，其倒数即为空间频率。空间周期在 x 轴和 y 轴方向上的分量分别等于 $1/u$ 和 $1/v$，于是它们的倒数 u 和 v 分别代表了 x 轴和 y 轴的空间频率分量。空间频率分量的方向与 x 轴的夹角等于 $\arctan(v/u)$，显然，改变 u 和 v 可得任意方向且周期从零到无穷变化的二维余弦图形。

$\sin 2\pi(ux+vy)$ 的图形类似于 $\cos 2\pi(ux+vy)$，不同之处在于相位移动四分之一周期。

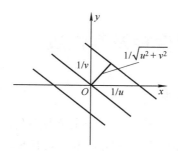

图 5.4　函数 $\cos 2\pi(ux + vy)$ 最大值所在位置的轨迹

根据上述讨论，公式 $f(x, y) = \int_{-\infty}^{+\infty} \int_{-\infty}^{+\infty} F(u, v) \exp[j2\pi(ux + vy)] du dv$ 意味着图像 $f(x, y)$ 由各种空间频率的二维正弦和余弦图形线性组合而成。其中，$F(u, v)$ 代表相应的加权因子，即各频率波的幅值，是对上述各正弦及余弦函数对图像 $f(x, y)$ 所做贡献的衡量。

3. 矩形函数的傅里叶变换

一维矩形函数如图 5.5a 所示，其数学方程为

$$f(x) = \begin{cases} A & 0 \leqslant x \leqslant X \\ 0 & \text{其他} \end{cases} \tag{5.15}$$

它的傅里叶变换如下：

$$
\begin{aligned}
F(u) &= \int_{-\infty}^{\infty} f(x) \exp(-j2\pi ux) dx \\
&= \int_{0}^{X} A \exp(-j2\pi ux) dx \\
&= \frac{A}{\pi u} \sin(\pi uX) \exp(-j\pi uX)
\end{aligned}
\tag{5.16}
$$

其傅里叶频谱为

$$
\begin{aligned}
|F(u)| &= \frac{A}{\pi u} |\sin(\pi uX)| |e^{-j\pi uX}| \\
&= AX \left| \frac{\sin(\pi uX)}{\pi uX} \right|
\end{aligned}
\tag{5.17}
$$

它的图谱如图 5.5b 所示。

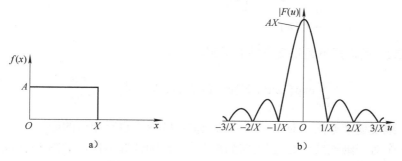

图 5.5　一维矩形函数的傅里叶变换

a）矩形函数　b）傅里叶频谱

5.2 二维离散傅里叶变换及其性质

5.2.1 离散傅里叶变换的定义

对一个连续函数 $f(x)$ 等间隔采样，得到一个离散序列，设共采样 N 个点，则这个离散序列可表示为 $\{f(0),f(1),f(2),\cdots,f(N-1)\}$。基于这种描述方式，令 x 为离散变量，u 为离散频率变量，可将离散傅里叶变换对定义为

$$F(u)=\frac{1}{N}\sum_{x=0}^{N-1}f(x)\exp(-\mathrm{j}2\pi ux/N),\quad u=0,1,\cdots,N-1 \tag{5.18}$$

$$f(x)=\sum_{u=0}^{N-1}F(u)\exp(\mathrm{j}2\pi ux/N),\quad x=0,1,\cdots,N-1 \tag{5.19}$$

类似的，二维离散傅里叶变换对由下式给出：

$$F(u,v)=\frac{1}{N}\sum_{x=0}^{N-1}\sum_{y=0}^{N-1}f(x,y)\exp\left[-\mathrm{j}2\pi(ux+vy)/N\right],\quad u,v=0,1,\cdots,N-1 \tag{5.20}$$

$$f(x,y)=\frac{1}{N}\sum_{u=0}^{N-1}\sum_{v=0}^{N-1}F(u,v)\exp\left[\mathrm{j}2\pi(ux+vy)/N\right],\quad x,y=0,1,\cdots,N-1 \tag{5.21}$$

注意，上述两个表达式中常系数项均为 $1/N$。实际上，式（5.20）与式（5.21）是一个傅里叶变换对，只要保证这两个常系数项乘积为 $1/N^2$ 即可，两者可以任意组合。

另外，不论是一维还是二维离散傅里叶变换，其定义域是从 0 至 $N-1$，而不是从 $-N/2$ 至 $N/2$。这个特性会影响傅里叶频谱图像的显示。这一点将在离散傅里叶变换的性质中谈到。

因为在离散的情况下，$F(u)$ 和 $F(u,v)$ 两者总是存在的，所以和连续的情况不同，不必考虑关于离散傅里叶变换的存在性。例如，对于一维情况，可以直接将式（5.19）代入式（5.18）中来证明这一点：

$$\begin{aligned}
F(u)&=\frac{1}{N}\sum_{x=0}^{N-1}\left[\sum_{r=0}^{N-1}F(r)\exp(\mathrm{j}2\pi rx/N)\exp(-\mathrm{j}2\pi ux/N)\right]\\
&=\frac{1}{N}\sum_{r=0}^{N-1}F(r)\left[\sum_{x=0}^{N-1}\exp(\mathrm{j}2\pi rx/N)\exp(-\mathrm{j}2\pi ux/N)\right]\\
&=F(u)
\end{aligned} \tag{5.22}$$

恒等式式（5.22）是根据下述正交条件而得到的，即

$$\sum_{x=0}^{N-1}\exp(\mathrm{j}2\pi rx/N)\exp(-\mathrm{j}2\pi ux/N)=\begin{cases}N & r=u\\0 & \text{其他}\end{cases} \tag{5.23}$$

同理，一维反变换亦然。对于离散的二维傅里叶变换也有相似的结论。

以下是一个对一维连续函数进行离散傅里叶变换的计算示例，如图 5.6 所示。

有图 5.6a 所示的函数，将此函数在自变量为 $x_0=0.50$，$x_1=0.75$，$x_2=1$，$x_3=1.25$ 处采样，并重新定义为图 5.6b 所示的离散函数。

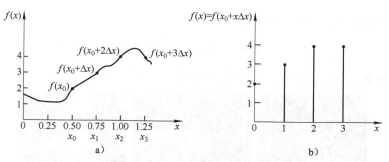

图 5.6　一维连续函数的离散傅里叶变换过程

a）一维连续函数　b）在 x 域的采样值

对其进行离散傅里叶变换得

$$
\left.
\begin{aligned}
F(0) &= \frac{1}{4}\sum_{x=0}^{3} f(x)\exp 0 \\
&= \frac{1}{4}\big(f(0)+f(1)+f(2)+f(3)\big) = \frac{1}{4}\big(2+3+4+4\big) = 3.25 \\
F(1) &= \frac{1}{4}\sum_{x=0}^{3} f(x)\exp\big(-\mathrm{j}2\pi x/4\big) \\
&= \frac{1}{4}\big(2\mathrm{e}^{0}+3\mathrm{e}^{-\mathrm{j}\pi/2}+4\mathrm{e}^{-\mathrm{j}\pi}+4\mathrm{e}^{-\mathrm{j}3\pi/2}\big) = \frac{1}{4}\big(-2+\mathrm{j}\big) \\
F(2) &= \frac{1}{4}\sum_{x=0}^{3} f(x)\exp\big(-\mathrm{j}4\pi x/4\big) \\
&= \frac{1}{4}\big(2\mathrm{e}^{0}+3\mathrm{e}^{-\mathrm{j}\pi}+4\mathrm{e}^{-\mathrm{j}2\pi}+4\mathrm{e}^{-\mathrm{j}3\pi}\big) = -\frac{1}{4}\big(1+\mathrm{j}0\big) \\
F(3) &= \frac{1}{4}\sum_{x=0}^{3} f(x)\exp\big(-\mathrm{j}6\pi x/4\big) \\
&= \frac{1}{4}\big(2\mathrm{e}^{0}+3\mathrm{e}^{-\mathrm{j}3\pi/2}+4\mathrm{e}^{-\mathrm{j}3\pi}+4\mathrm{e}^{-\mathrm{j}9\pi/2}\big) = -\frac{1}{4}\big(2+\mathrm{j}\big)
\end{aligned}
\right\} \tag{5.24}
$$

注意，$f(x)$ 的全部值对离散傅里叶变换的每一项都产生影响。反过来，变换的全部项在利用式（5.19）形成反变换中产生影响。

进一步可得傅里叶谱为

$$
\left.
\begin{aligned}
\big|F(0)\big| &= 3.25 \\
\big|F(1)\big| &= \Big[(2/4)^2+(1/4)^2\Big]^{1/2} = \sqrt{5}/4 \\
\big|F(2)\big| &= \Big[(1/4)^2+(0/4)^2\Big]^{1/2} = 0.25 \\
\big|F(3)\big| &= \Big[(2/4)^2+(1/4)^2\Big]^{1/2} = \sqrt{5}/4
\end{aligned}
\right\} \tag{5.25}
$$

5.2.2　图像傅里叶变换的性质

1. 频谱显示

通常，图像的傅里叶频谱的幅值随着频率 u 和 v 的增大而迅速减小。为便于显示，进行

对数变换，如图 5.7 所示。令显示函数

$$D(u,v) = \lg(1 + K|F(u,v)|) \tag{5.26}$$

式中，K 为常系数；$D(u,v)$ 非负，且变化趋势同 $|F(u,v)|$。

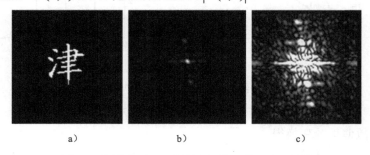

图 5.7　图像的 $F(u,v)$ 频谱和调整后的 $D(u,v)$ 频谱

a）津字图像　b）图像的频谱　c）图像频谱对数变换后的结果

2. 可分离性

离散傅里叶变换对可以表示成分离的形式：

$$F(u,v) = \frac{1}{N}\sum_{x=0}^{N-1}\exp\left(-\frac{j2\pi ux}{N}\right)\sum_{y=0}^{N-1}f(x,y)\exp\left(-\frac{j2\pi vy}{N}\right), \quad u,v = 0,1,\cdots,N-1 \tag{5.27}$$

$$f(x,y) = \frac{1}{N}\sum_{u=0}^{N-1}\exp(j2\pi ux/N)\sum_{v=0}^{N-1}F(u,v)\exp(j2\pi vy/N), \quad x,y = 0,1,\cdots,N-1 \tag{5.28}$$

由上述这些分离形式可知，一个二维傅里叶变换可以连续两次运用一维傅里叶变换来实现。例如，式（5.27）可进一步表示成

$$F(u,v) = \frac{1}{N}\sum_{x=0}^{N-1}F(x,v)\exp(-j2\pi ux/N) \tag{5.29}$$

式中

$$F(x,v) = N\left[\frac{1}{N}\sum_{y=0}^{N-1}f(x,y)\exp(-j2\pi vy/N)\right] \tag{5.30}$$

对于每一个 x 值，括号内的表达式是一个具有频率值 $v = 0,1,\cdots,N-1$ 的一维变换。因此，沿着 $f(x,y)$ 的每一行取变换，将其结果乘以 N，就得到了 $F(x,v)$；沿着 $F(x,v)$ 的每一列取变换，就得到所需的结果 $F(u,v)$，如图 5.8 所示。

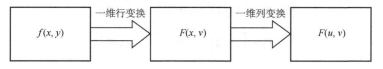

图 5.8　顺序进行一维变换计算二维傅里叶变换

需要说明的是，首先沿着 $f(x,y)$ 的每一列取变换，然后沿着所得结果的行取变换，也会得到同样的结果。

3．周期性

离散的傅里叶变换和逆变换具有周期性，周期为 N，如下式所示：

$$F(u,v) = F(u+N,v) = F(u,v+N) = F(u+N,v+N) \tag{5.31}$$

这一性质易证，下面仅证明 $F(u,v) = F(u+N,v+N)$。

由定义可知

$$
\begin{aligned}
F(u+N,v+N) &= \frac{1}{N}\sum_{x=0}^{N-1}\sum_{y=0}^{N-1} f(x,y)\exp\left\{-\mathrm{j}2\pi\left[(u+N)x+(v+N)y\right]/N\right\} \\
&= \frac{1}{N}\sum_{x=0}^{N-1}\sum_{y=0}^{N-1} f(x,y)\exp\left[-\mathrm{j}2\pi(ux+vy)/N\right]\exp\left[-\mathrm{j}2\pi(Nx+Ny)/N\right] \\
&= \frac{1}{N}\sum_{x=0}^{N-1}\sum_{y=0}^{N-1} f(x,y)\exp\left[-\mathrm{j}2\pi(ux+vy)/N\right] \\
&= F(u,v)
\end{aligned}
\tag{5.32}
$$

由此看来，对于 u 和 v 的值为无限数时，$F(u,v)$ 重复着其本身，但是为了由 $F(u,v)$ 得到 $f(x,y)$，只需变换一个周期即可。离散傅里叶逆变换给空域离散函数 $f(x,y)$ 赋予了周期属性。

4．共轭对称性

傅里叶变换也存在着共轭对称性，因为

$$F(u,v) = F^*(-u,-v) \tag{5.33}$$

且有

$$|F(u,v)| = |F(-u,-v)| \tag{5.34}$$

这说明其幅度关于原点对称。

5．平移特性

式（5.35）和式（5.36）描述了傅里叶变换的平移特性：

$$f(x,y)\exp\left(\mathrm{j}2\pi\frac{u_0 x+v_0 y}{N}\right) \Leftrightarrow F(u-u_0,v-v_0) \tag{5.35}$$

$$f(x-x_0,y-y_0) \Leftrightarrow F(u,v)\exp\left(-\mathrm{j}2\pi\frac{ux_0+vy_0}{N}\right) \tag{5.36}$$

式中，双箭头用来表示函数和它的傅里叶变换之间的对应性，反之亦然。式（5.35）表明，在空域中用指数项乘以 $f(x,y)$，并对这个乘积进行傅里叶变换，对应在频域中其原点移至 (u_0,v_0) 处。当在频域中的位移量 $u_0 = v_0 = N/2$ 时，其坐标原点移至频谱图像的中间位置。此时，对应空域中的指数项为

$$\exp\left[\mathrm{j}2\pi(u_0 x+v_0 y)/N\right] = \mathrm{e}^{\mathrm{j}\pi(x+y)} = (-1)^{x+y} \tag{5.37}$$

那么式（5.35）变为

$$f(x,y)(-1)^{x+y} \Leftrightarrow F(u-N/2,v-N/2) \tag{5.38}$$

从式（5.38）可知，图像函数 $f(x,y)$ 乘以 $(-1)^{x+y}$，可使其傅里叶变换后的频域矩阵原点移到 $N \times N$ 频率方阵中心。这一点十分重要，尤其是对频谱显示或是滤波等处理时更是如此。

在一维的情况下，这个步骤可简化为 $f(x)(-1)^x$。

注意，$f(x,y)$ 的移动并不影响其傅里叶变换的幅度，因为

$$\left|F(u,v)\exp\left[-\mathrm{j}2\pi(ux_0+vy_0)/N\right]\right|=\left|F(u,v)\right| \tag{5.39}$$

一维变量情况下，应考虑到 $F(u)=F(u+N)$ 和 $\left|F(u)\right|=\left|F(-u)\right|$。一个简单的矩形函数的傅里叶谱如图 5.9 所示。根据离散傅里叶变换的定义，它的一个完整周期是 $[0,N-1]$，如图 5.9a 所示，从图中可知这里包含两个背对背的半周期。若依据平移性质 $f(x)(-1)^x$，在变换域中使原点移至 $u=N/2$ 处，这时如图 5.9b 所示。在这个完整周期中，共轭对称性也成立。

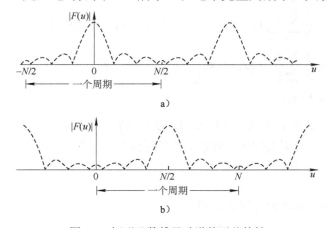

图 5.9 矩形函数傅里叶谱的平移特性

a）在 $[0,N-1]$ 周期中有两个背对背的半周期 b）原点移至 $u=N/2$ 处在同一区间内是一个完整周期

图 5.10 展示了对图像进行二维离散傅里叶变换得到的频率成分的分布情况。图像的低频成分分布在四角，高频成分聚集在中间。利用平移性质，可将图像频谱原点移位，使低频成分移至中间。

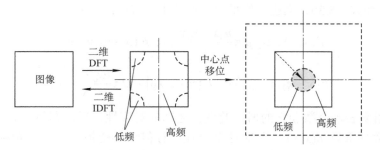

图 5.10 平移原点改变二维离散傅里叶变换结果的频率成分的分布

注：IDFT 是指离散傅里叶逆变换。

图 5.11 为一个矩形图像及其傅里叶谱，其中图 5.11a 为矩形图像。该图像的傅里叶谱如图 5.11b 所示，这个结果很不理想。当原点移到 $(N/2,N/2)$ 之后，其傅里叶谱如图 5.11c 所示，显然这一结果是人们希望得到的。

6. 旋转特性

若以极坐标形式表示图像，则很容易做图像旋转。在极坐标下对图像进行傅里叶变换，

可以得到傅里叶变换的旋转特性。

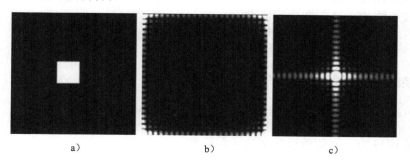

图 5.11 图像傅里叶谱的平移

a）矩形图像 b）无平移时的傅里叶谱 c）原点平移到$(N/2, N/2)$时的傅里叶谱

设 $x = r\cos\theta$，$y = r\sin\theta$，$u = \omega\cos\varphi$，$v = \omega\sin\varphi$，这时 $f(x,y)$ 变为 $f(r,\theta)$，而 $F(u,v)$ 变为 $F(\omega,\varphi)$，不论是连续还是离散的傅里叶变换均可得到

$$f(r, \theta + \theta_0) \Leftrightarrow F(\omega, \varphi + \theta_0) \tag{5.40}$$

换言之，如果 $f(x,y)$ 被旋转 θ_0，则 $F(u,v)$ 被旋转同样的角度，如图 5.12 所示。

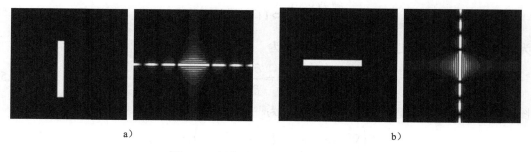

图 5.12 图像傅里叶变换的旋转特性

a）原图像和其频率谱 b）旋转 90°后的图像和频率谱

7. 线性和比例性

根据傅里叶变换对的定义，直接得到

$$f_1(x,y) + f_2(x,y) \Leftrightarrow F_1(u,v) + F_2(u,v) \tag{5.41}$$

并且一般来说

$$\mathcal{F}\big(f_1(x,y)f_2(x,y)\big) \neq \mathcal{F}\big(f_1(x,y)\big)\mathcal{F}\big(f_2(x,y)\big) \tag{5.42}$$

二维离散傅里叶变换的比例可由下式表示：

$$af(x,y) \Leftrightarrow aF(u,v) \tag{5.43}$$

$$f(ax,by) \Leftrightarrow \frac{1}{|ab|}F(\frac{u}{a}, \frac{v}{b}) \tag{5.44}$$

式中，a 和 b 是不为零的常数。这说明空域比例尺度的展宽相当于频域比例尺度的压缩，其幅值增大为原来的$1/|ab|$。特别的，当 a 和 b 都取 -1 时，有

$$f(-x,-y) \Leftrightarrow F(-u,-v) \tag{5.45}$$

这说明，离散傅里叶变换具有符号改变对应性。

8. $F(0,0)$ 与图像均值

二维离散函数 $f(x,y)$ 的灰度均值为

$$\overline{f}(x,y) = \frac{1}{N^2} \sum_{x=0}^{N-1} \sum_{y=0}^{N-1} f(x,y) \tag{5.46}$$

而傅立叶变换的变换域原点的频谱分量为

$$F(0,0) = \frac{1}{N} \sum_{x=0}^{N-1} \sum_{y=0}^{N-1} f(x,y) \tag{5.47}$$

因此灰度均值可与 $f(x,y)$ 的傅里叶变换联系起来：

$$\overline{f}(x,y) = \frac{1}{N} F(0,0) \tag{5.48}$$

即 $F(0,0)$ 数值 N 倍于图像灰度均值。

9. 微分性质

傅里叶变换的微分性质可表示为

$$\frac{\partial^n f(x,y)}{\partial x^n} \Leftrightarrow (\text{j}2\pi u)^n F(u,v) \tag{5.49}$$

$$\frac{\partial^n f(x,y)}{\partial y^n} \Leftrightarrow (\text{j}2\pi v)^n F(u,v) \tag{5.50}$$

作为特例，拉普拉斯（Laplacian）算子定义为

$$\nabla^2 f(x,y) = \frac{\partial^2 f}{\partial x^2} + \frac{\partial^2 f}{\partial y^2} \tag{5.51}$$

则图像拉普拉斯算子处理后的傅立叶变换对为

$$\mathcal{F}\left(\nabla^2 f(x,y)\right) = -(2\pi)^2 \left(u^2 + v^2\right) \mathcal{F}(u,v) \tag{5.52}$$

拉普拉斯算子通常用于检出图像轮廓与边缘。

5.3 频域滤波概述

5.3.1 频域与空域的联系

从式（5.20）可知，图像的傅里叶变换 $F(u,v)$ 中每一项都包含有用指数项修正过的 $f(x,y)$ 的所有值，即一幅图像经傅里叶变换后得到的频域矩阵中的每一点都包含了空域中所有点的一部分信息，因此很难建立从原图中某点到频谱中某点的直接联系。但是，频率直接关系到空间变化率，因此可以直观地建立起频域中频率分量与原图的亮度变化的联系。

对于一幅图像，变化最慢的频率分量（$u=v=0$，即直流分量）与图像的平均灰度成正比，即靠近直流分量的低频部分对应于图像中变化缓慢的灰度分量，远离直流的高频部分对应于图像的灰度变化较快的分量。

5.3.2 频域滤波基础

频域滤波是指修改一幅图像的傅里叶变换结果，再经傅里叶逆变换得到滤波后的图像。

图 5.13 是对一幅数字图像 $f(x,y)$ 利用频域滤波进行处理的过程。

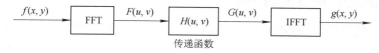

图 5.13 频域滤波的处理过程

注：1. FFT 是指快速傅里叶变换。

2. IFFT 是指快速傅里叶逆变换。

基本频域滤波公式为

$$g(x,y) = F^{-1}\big(H(u,v)F(u,v)\big) \tag{5.53}$$

式中，F^{-1} 是逆傅里叶变换；$F(u,v)$ 是输入图像 $f(x,y)$ 的傅里叶变换；$H(u,v)$ 是滤波函数（也称为传递函数）；$g(x,y)$ 是滤波后的图像。使用中心对称的传递函数可以简化 $H(u,v)$ 的形式，此时要求 $F(u,v)$ 也是中心对称的。

一幅图像的低频与图像中缓慢变化的信息有关，如室内的墙面和室外少云的天空等；高频与灰度的尖锐过渡有关，如边缘和噪声等。因此，抑制高频而通过低频的滤波器 $H(u,v)$ 会模糊一幅图像，该类滤波器被称为低通滤波器。相反的，抑制低频而通过高频的滤波器 $H(u,v)$ 将增强尖锐的细节，该类滤波器被称为高通滤波器。

频域滤波能实现图像的平滑和锐化，图 5.14 展示了两幅图像进行频域低通和高通滤波的结果。可以看出，经过低通滤波，图像被平滑，噪声点受到抑制；经过高通滤波，图像边缘被突出，实现了图像锐化。

a) b) c)

d) e) f)

图 5.14 两幅图像进行频域低通和高通滤波的结果

a）寄生蜂原图 b）图 5.14a 的频域低通滤波 c）图 5.14a 的频域高通滤波 d）lena 原图

e）图 5.14d 的频域低通滤波 f）图 5.14d 的频域高通滤波

5.3.3 空域滤波和频域滤波的关系

空域滤波和频域滤波之间的关系可由卷积定理揭示。二维卷积定理由下式给出：

$$f(x,y)*h(x,y) \Leftrightarrow F(u,v)H(u,v) \tag{5.54}$$

式中，$h(x,y) \Leftrightarrow H(u,v)$，即空域滤波函数 $h(x,y)$ 和频域滤波函数 $H(u,v)$ 组成傅里叶变换对。根据频域滤波公式式（5.53），可将频域滤波定义为滤波函数 $H(u,v)$ 与输入图像的傅里叶变换 $F(u,v)$ 的乘积。根据卷积定理，该频域滤波等效于空域滤波函数 $h(x,y)$ 和输入图像的卷积。

空域滤波通常借助于模板进行运算，难以实现真正意义上的线性系统滤波，在实际应用中由于模板的尺寸难以扩大，导致滤波增强所需信息局限在较小的模板区域内，无法获得理想的增强效果，对于复杂的杂波去除、多特征增强也表现不佳。在傅里叶变换域中，频率信息反映了图像在空域难以定义的某些特征，如噪声对应高频部分、恒定的干扰条纹对应于频谱中某些特征点等。通过在频域中构造滤波器，直接提升或者抑制某些频率分量，即可能获得空域滤波难以实现的增强效果。

习　　题

1. 图像空域增强和频域增强的基本原理是什么？二者有何不同？
2. 二维图像傅里叶变换的可分离性有什么实际意义？
3. 空域图像和其傅里叶变换之后得到的频谱图像中各点的关系是不是一一对应的？
4. 在图像中，什么是频率？频谱图像中的高频、低频分量各有什么特点？
5. 为什么离散傅里叶变换比其他变换得到了更广泛的应用？
6. 如果一个函数是两个其他函数的卷积，它的离散傅里叶变换与另两个函数的离散傅里叶变换是什么关系？
7. 如何显示一幅图像的离散傅里叶变换？
8. 一幅图像缩放后其离散傅里叶变换会如何变化？
9. 一幅图像可以有纯实部或纯虚部值的离散傅里叶变换吗？

第6章　图像平滑与锐化

6.1　空域平滑滤波

6.1.1　图像噪声与空域滤波基础

光电成像系统在图像获取或图像传输过程中容易受到各种随机信号的干扰，将不可避免地引入图像噪声。下面介绍两种典型图像噪声的产生原因与特征。

1. 高斯噪声

高斯噪声是指概率密度函数服从高斯分布（即正态分布）的一类噪声，常见的高斯噪声包括起伏噪声、宇宙噪声、热噪声和散粒噪声等。由于电子元器件的使用，在数字图像的获取过程中将不可避免地引入高斯噪声。在数字图像中，高斯噪声无处不在、大小不定。

2. 椒盐噪声

椒盐噪声是在图像传感器成像、信道传输、解码处理等过程中产生的黑白相间的亮暗点噪声，它可能由成像单元损坏、电路离散脉冲等引起。严格意义上来说，椒盐噪声是指两种噪声，一种是盐噪声（Salt Noise），即高灰度噪声，另一种是胡椒噪声（Pepper Noise），即低灰度噪声。一般两种噪声同时出现，表现为数字图像上的黑白杂点，具有大小一定、位置不定的特点。图 6.1 分别展示了含有高斯噪声和椒盐噪声的图像。

a)　　　　　　　　　　　b)　　　　　　　　　　　c)

图 6.1　高斯噪声与椒盐噪声

a）原图像　b）高斯噪声图像　c）椒盐噪声图像

图像滤波分为空域滤波和频域滤波，本节主要探讨空域滤波。

空域滤波是在图像空间借助模板进行邻域操作完成的，即利用空域掩模处理图像。模板本身被称为空域滤波器，根据其特点可分为线性空域滤波和非线性空域滤波两种。图像空域滤波的机理如图 6.2 所示，即利用掩模在待处理图像中逐点移动，在每一点 (x, y) 处，通过预先定义的函数关系来计算该点的响应（即滤波后的值）。在线性空域滤波器中，该响应值通

过计算掩模系数 ω 与其对应图像像素值的乘积之和得到。如图 6.2 所示，像素点(x, y)滤波后的灰度值 R 为

$$R = \omega(-1,-1)f(x-1,y-1) + \omega(-1,0)f(x-1,y) + \cdots + \omega(1,1)f(x+1,y+1) \quad (6.1)$$

一般情况下，可简化为

$$R = \omega_1 z_1 + \omega_2 z_2 + \cdots + \omega_9 z_9 = \sum_{i=1}^{9} \omega_i z_i \quad (6.2)$$

在 $M \times N$ 像素的图像 $f(x,y)$ 中，用 $m \times n$ 大小的滤波器掩模对图像进行线性滤波的表达式为

$$g(x,y) = \sum_{s=-a}^{a} \sum_{t=-b}^{b} w(s,t)f(x+s,y+t) \quad (6.3)$$

式中，$a = (m-1)/2$，$b = (n-1)/2$。从式（6.3）可以看出，线性滤波处理与数学中的卷积运算非常类似，因此线性空域滤波也常被称为掩模与图像的"卷积"。

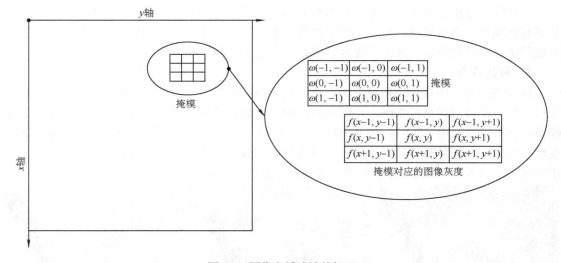

图 6.2　图像空域滤波的机理

在进行空域滤波处理时还要考虑另外一个因素，即当掩模中心靠近图像边缘时，掩模覆盖的范围可能超出图像区域。对于这种情况，一般有如下解决方法：

1）先为图像补充边缘，滤波后再去除。

2）在图像边缘处使用部分掩模处理。

3）限制掩模中心的移动范围，对图像边缘不做处理。

6.1.2　空域线性平滑滤波

平滑滤波器主要用于模糊处理和减小噪声，例如在进行大目标提取之前，可以使用平滑滤波器去除图像中的细节、填补小的缝隙和孔洞以及减小图像噪声。

平滑线性空域滤波器的输出是滤波掩模邻域内像素的（加权）平均值，因此也被称为均值滤波器。由于典型的随机噪声由灰度级的尖锐变化组成，而均值滤波能减小图像灰度的尖锐变化，因此均值滤波主要用于减噪。然而，由于图像边缘也具有灰度尖锐变化的特性，所

以均值滤波处理在减噪的同时，存在边缘模糊的负面效应，但是这一效应也可以用来"平滑"一些量级不足的伪轮廓边缘。

图 6.3 为两种典型的 3×3 平滑滤波器。其中，第一种滤波器产生掩模下的像素平均值；第二种滤波器中掩模采用了加权平均的方式来构造滤波器，权值大小体现了不同位置的像素对目标计算结果的重要性，把中心点权重（系数）设为最高，

$$\frac{1}{9}\times\begin{array}{|c|c|c|} \hline 1 & 1 & 1 \\ \hline 1 & 1 & 1 \\ \hline 1 & 1 & 1 \\ \hline \end{array} \qquad \frac{1}{16}\times\begin{array}{|c|c|c|} \hline 1 & 2 & 1 \\ \hline 2 & 4 & 2 \\ \hline 1 & 2 & 1 \\ \hline \end{array}$$

图 6.3　两种典型的 3×3 平滑滤波器

而随着距中心点距离的增加减小系数值，此构造方法能减小平滑处理中的边缘模糊效应。

图 6.4 展示了均值滤波的一种应用——连接小间断，通过均值滤波对图像中指纹内的小间断进行"连接"，进而使指纹更加容易被识别。

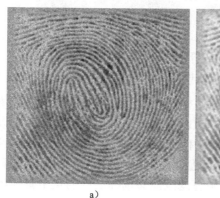 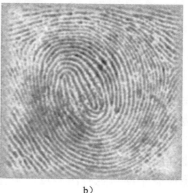

a)　　　　　　　　　　　　　　　b)

图 6.4　使用均值滤波连接小间断

a）原图像　b）均值滤波平滑后的图像

均值滤波对噪声有抑制作用，且其计算量小、容易实现，但同时也会造成图像模糊，即使采用加权均值滤波，其改善也有限。

6.1.3　空域非线性平滑滤波

空域非线性滤波是指计算函数为非线性函数的空域滤波方法。统计滤波器是一种典型的空域非线性滤波器，它的响应基于滤波器掩模区域下像素的排序，然后用统计排序结果决定的值代替中心像素的值。统计滤波器中最常见的例子就是中值滤波（即采用掩膜区域像素的中值代替中心像素灰度值），其表达式为

$$g(x,y)=\text{Median}[f(x-1,y-1),f(x-1,y),\cdots,f(x+1,y+1)] \tag{6.4}$$

式中，$f(x,y)$ 是中心像素灰度值；$g(x,y)$ 是中值滤波输出值；Median 表示取中值操作，即取模板中排在中间位置上的像素灰度值替代待处理像素的灰度值。

就椒盐噪声点而言，其灰度值往往比周围的像素亮（暗）许多，如果对模板覆盖区域中的像素按灰度值大小进行排序，那么最亮或最暗点一定被排在两侧，若取排在中间位置的像素灰度值作为待处理像素值，即可实现对椒盐噪声的有效去除。

影响中值滤波效果的因素主要有两个：一是模板的大小，二是参与计算的像素数。当图像中椒盐噪声的尺度大于掩模模板的半径时，中值滤波不能完全滤除该噪声。同时，如果图

像中包含较多的点、线等细节元素时，中值滤波器很可能会滤除这些细节信息。图 6.5 展示了中值滤波的一项应用——去除小瑕疵。从图中可以看出，中值滤波后女孩脸上的雀斑明显减少。

图 6.5　使用中值滤波去除小瑕疵

a）原图像　b）中值滤波后的图像

　　均值滤波与中值滤波相比较，各有优劣。对于图像的高斯噪声而言，均值滤波往往有更好的表现。因为高斯噪声会影响到所有像素点，其幅值呈近似正态分布，所以中值滤波选不到无噪声的点。另一方面，高斯正态分布的均值为 0，所以均值滤波可以有效减弱高斯噪声。而对于图像的椒盐噪声，中值滤波往往表现更好。因为椒盐噪声的幅值相等且随机分布在不同位置上，图像中有干净点也有污染点，中值滤波能够选择适当的点来替代污染点的值，所以处理效果好。另一方面，因为椒盐噪声的均值不为 0，所以均值滤波不能很好地去除椒盐噪声点。图 6.6 比较了均值滤波和中值滤波对图像的影响。从图可以明显看出，均值滤波引发了图像的模糊，中值滤波在去除图像椒盐噪声的同时保证了图像中边缘的清晰。

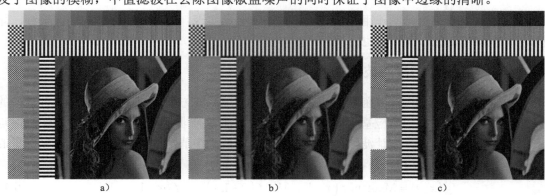

图 6.6　均值滤波和中值滤波作用效果对比

a）原图像　b）原图像+3×3 均值滤波　c）原图像+3×3 中值滤波

6.1.4　边界保持类平滑滤波器

　　图像上的景物之所以能清晰辨认，是因为目标物与背景之间存在边界，即存在灰度的阶跃变化。然而，若利用 6.1.2 节的平滑滤波器处理图像，虽然噪声得到了抑制，但是图像也会随之变得模糊。为了解决图像模糊问题，一个自然的想法就是在进行平滑处理之前首先判断当前像素点是否为边界点，若不是边界点才做平滑处理。这也就引入了边界保持类平滑滤波器的概念。下面以 K 近邻（KNN）平滑滤波器为例对该类滤波器进行介绍。

边界保持类滤波器的核心就是在滤波之前区分边界点与非边界点。以 $K=5$ 为例，如图 6.7 所示，点 1 是灰色区域的非边界点，其邻域中的像素全部是同一区域；点 2 是白色区域的边界点，其邻域中的像素分布在两个区域。在模板中分别选择与点 1 或点 2 灰度值最相近的 4 个点做灰度均值计算，就能实现边界保持的目的。

综上，KNN 平滑滤波器的实现步骤为：①以待测像素为中心，做一个 $m \times m$ 的作用模板；②在模板中，选择 K 个与待测像素点灰度差较小的像素；③将这 K 个像素的灰度均值作为待测像素值。

边界保持类平滑滤波器还有对称近邻平滑滤波器、最小方差平滑滤波器，Sigma 平滑滤波器等，这里不再一一介绍。

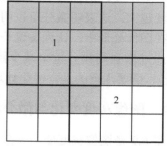

图 6.7 K 近邻平滑滤波器的计算原理

6.2 空域锐化滤波

6.2.1 图像锐化的概念

锐化处理的主要目的是突出图像中的细节或者增强被模糊了的细节。人们之所以能够清楚辨认图像上的景物，是因为目标物和背景之间存在边界。平滑是在滤除噪声的同时尽量保留边界信息，而锐化则是为了增强边界，为后续提取边界做准备。图 6.8 是图像锐化的两个例子。

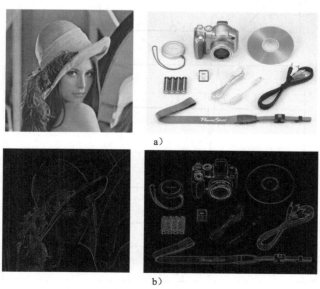

图 6.8 图像锐化示例

a）原始图像 b）锐化图像

从图 6.8 中可以看出，锐化能够增强图像中的边缘信息，因此被广泛用于边缘检测。图像边缘是图像的基本特征之一，是图像中像素灰度分布不连续的地方，即图像灰度分布有阶跃变化的像素集合。图像边缘存在于目标与背景、目标与目标的边界，是图像识别信息最集中的地方。边缘增强突出了图像中的边缘信息，抑制非边缘信息，使图像中目标轮廓更加清晰。另一方面，由于边缘占据图像的高频成分，所以边缘增强通常属于高通滤波。

图像锐化的数学基础是微分。考察函数 $\sin 2\pi ax$，其微分为 $2\pi a \cos 2\pi ax$，可见微分后函数的频率不变，但幅值上升为原来的 $2\pi a$ 倍。由此得出结论：微分前频率越高，微分后幅值增加就越大。这表明微分可以用来加强图像高频成分，进而使图像目标轮廓突出。一般情况下，在图像处理中，认为图像平滑相当于积分操作，而图像锐化则相当于微分操作。因为锐化是通过增强高频分量来减少图像中的模糊，因此又称之为图像空域高通滤波（High-pass Filter）。需要注意的是，锐化处理在增强图像边缘的同时也增大了噪声。

6.2.2　图像灰度变化与微分的关系

图 6.9 是图像灰度变化与微分的关系。其中，图 6.9a 是一个包含渐变圆、孤立点、直线以及实心物体的灰度图像，图 6.9b 是其箭头所指位置的一维水平灰度图，图 6.9c、d 分别是图 6.9b 对应的一阶微分和二阶微分曲线。

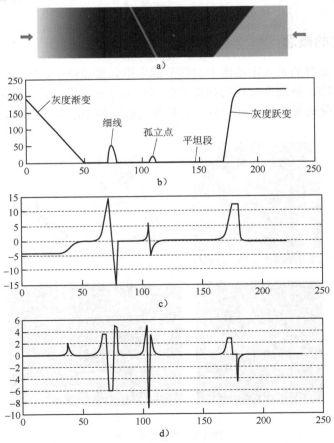

图 6.9　图像灰度变化与微分的关系

从图 6.9 中可以看出，首先在渐变圆部分，一阶微分值都不是零，而经二阶微分后，非零值只出现在斜坡的起始点处和终点处；其次，在孤立的噪声点上，二阶微分比一阶微分的响应要强很多，因此做细节增强处理时二阶微分比一阶微分强得多。同时，应该注意到：在细线边缘位置时，二阶微分有一个过渡，出现了两次灰度峰值，这在锐化图像中表现为双线。可以总结出如下规律：在图像边缘位置，一阶微分能提取出较宽的边缘，二阶微分将得到较细的双线；对于噪声、细线等细节信息，二阶微分往往反应更为强烈。所以，微分是一种较好的图像锐化方法，但同时也会增强噪声。

6.2.3　一阶微分锐化

数字图像是离散的，因此在图像处理中通常用差分代替微分。图像中的最短距离是相邻像素点的间距，最简单的导数算子是一阶偏导数 $\dfrac{\partial f}{\partial x}$、$\dfrac{\partial f}{\partial y}$，它们分别给出了图像灰度在 x 和 y 方向上的变化率（又称为梯度）。一阶微分计算公式为

$$f'(x,y)=\frac{\partial f}{\partial x}+\frac{\partial f}{\partial y} \tag{6.5}$$

对于二维数字图像，其对应的差分公式为

$$\nabla f(x,y)=\left(f(x+1,y)-f(x,y)\right)+\left(f(x,y+1)-f(x,y)\right) \tag{6.6}$$

如图 6.10 所示，水平梯度算子 $f_x=f(x+1,y)-f(x,y)$，用模板表示为 $f_x=\begin{bmatrix}-1\\1\end{bmatrix}$；垂直梯度算子 $f_y=f(x,y+1)-f(x,y)$，用模板表示为 $f_y=(-1\ \ 1)$。

图 6.11 显示了图像灰度变化与梯度的关系，计算出现负值时一般取绝对值或归零处理。从图中可以看出，图像中灰度突变的轮廓位置对应的梯度较大；灰度变化平缓区域对应的梯度很小；梯度图像的整体亮度降低，暗背景上的边缘被增强。而当物体与背景有明显灰度差时，物体边界处于图像梯度最高的点上。因此，梯度增强法易受噪声影响而偏离物体边界，通常需要在增强前对图像进行平滑处理。

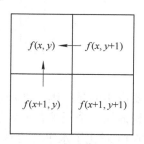

图 6.10　最简单的微分算子——梯度算子

a）

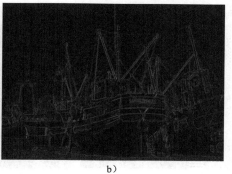

b）

图 6.11　原图像与梯度图像

a）原图像　b）梯度锐化图像

63

考虑到图像边缘的拓扑结构特性，梯度算子可以衍生出多种不同的一阶微分算子。根据锐化是否具有方向性，一阶微分锐化又可进一步分为单方向一阶微分锐化与无方向一阶微分锐化，无方向一阶微分锐化又包括罗伯茨（Roberts）锐化、索贝尔（Sobel）锐化、普瑞特（Priwitt）锐化等。

1. 单方向的一阶锐化

单方向的一阶锐化（即具有方向性的一阶锐化）用于对特定方向上的边缘信息进行增强。因为图像有水平、垂直两个方向，所以单方向锐化一般包括水平方向与垂直方向上的锐化。

水平方向的微分算子可以获得图像中的水平边界。如图 6.12 所示，考虑噪声和邻域点权重，可采用 3×3 模板先平均后微分，则水平微分算子变形为

$$\nabla f = \left(f(x-1,y-1) - f(x+1,y-1)\right) + 2\left(f(x-1,y) - f(x+1,y)\right) +$$
$$\left(f(x-1,y+1) - f(x+1,y+1)\right) \tag{6.7}$$

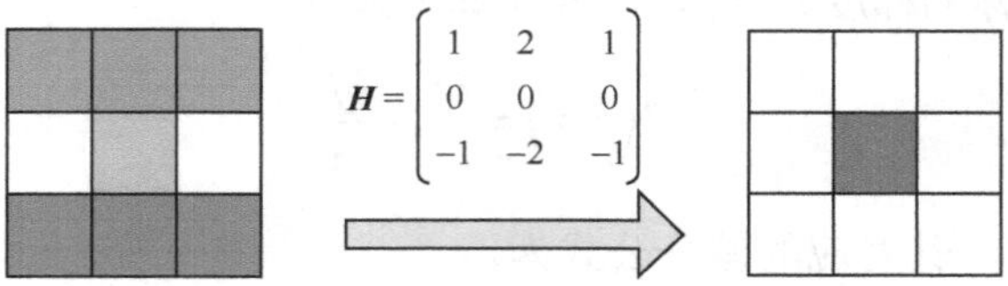

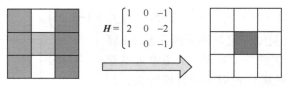

$$H = \begin{bmatrix} 1 & 2 & 1 \\ 0 & 0 & 0 \\ -1 & -2 & -1 \end{bmatrix}$$

图 6.12　水平方向的一阶锐化方法

垂直锐化算法与水平锐化算法类似，可获得图像中的垂直边界，这里不再详细说明，其滤波算子如图 6.13 所示。

$$H = \begin{bmatrix} 1 & 0 & -1 \\ 2 & 0 & -2 \\ 1 & 0 & -1 \end{bmatrix}$$

图 6.13　垂直方向的一阶锐化方法

需要说明的是：因为滤波后一部分图像像素可能出现负值，为了使图像便于显示，一般对图像整体加一个正整数或者取绝对值，使得所有的像素值转化为正。

图 6.14 对比了水平梯度算子和垂直梯度算子对图像锐化的效果。从图中可以看出，水平梯度算子对水平方向上变化的边缘较为敏感，但无法检测垂直方向上的边缘变化，垂直梯度算子则与之相反。

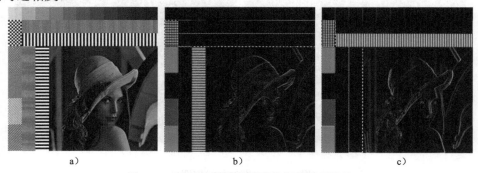

a)　　　　　　　　　　　　　b)　　　　　　　　　　　　　c)

图 6.14　不同方向梯度算子的锐化效果比较

a）原图像　b）水平梯度算子锐化　c）垂直梯度算子锐化

单方向一阶锐化处理方法对人造的矩形特征物体（如楼房、汉字等）的边缘提取很有效，但是对不规则形状（如人物）的边缘提取则存在信息的缺损。为此，需要一种对任何方向上的边缘信息均敏感的锐化算法。这类算法是各向同性的，称为无方向锐化算法，其可以简化为在图像的两个方向上考虑锐化微分计算。

2. 无方向锐化——罗伯茨算子

如图 6.15 所示，设 $(z_1 \rightarrow z_9) \in f(x,y)$，并被 3×3 模板覆盖，结果图像为 $G(f(x,y))$，罗伯茨交叉微分算子定义为

$$G(f(x,y)) = \nabla f = \left| f(x+1,y+1) - f(x,y) \right| + \left| f(x+1,y) - f(x,y+1) \right| \tag{6.8}$$

即 $\nabla f = |z_9 - z_5| + |z_8 - z_6|$。

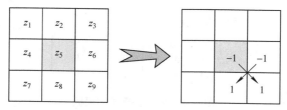

图 6.15 罗伯茨算子（z 是模板下的图像灰度）

将上述步骤转化为图像处理模板的描述形式，即

$$\nabla f(x,y) = |\delta_1| + |\delta_2| \tag{6.9}$$

式中，$\delta_1 = \boldsymbol{D}_1(f(x,y))$，$\boldsymbol{D}_1 = \begin{bmatrix} -1 & 0 \\ 0 & 1 \end{bmatrix}$；$\delta_2 = \boldsymbol{D}_2(f(x,y))$，$\boldsymbol{D}_2 = \begin{bmatrix} 0 & -1 \\ 1 & 0 \end{bmatrix}$。

图 6.16 比较了单方向锐化算法（梯度算子）与无方向锐化算法（罗伯茨算子）的区别。罗伯茨算子计算简单，复杂度低，但也存在一定的缺点：①模板行列为偶数，无中心点，结果有 0.5 像素的错位；②无平滑效果，对噪声敏感。

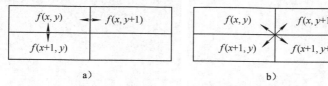

图 6.16 典型梯度算子与罗伯茨算子比较

a）梯度算子 b）罗伯茨算子

3. 无方向锐化——索贝尔算子

索贝尔算子是一种 3×3 模板的全方位微分算子，具有较强的边缘信息锐化能力，其模板如图 6.17 所示。

4. 无方向锐化——普瑞特算子

普瑞特微分算子也是一种 3×3 模板的全方位微分算子，其模板如图 6.18 所示。

图 6.19 比较了梯度算子、罗伯茨算子、普瑞特算子以及索贝尔算子的滤波效果。从它们的算法运行原理和滤波效果，可以得出以下结论：

1）索贝尔算子与普瑞特算子的思路相同，属于同一类型，因此处理效果基本相同。

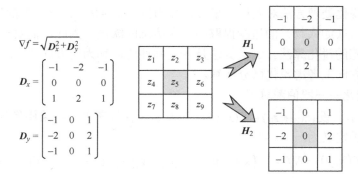

$$\nabla f = \sqrt{D_x^2 + D_y^2}$$

$$D_x = \begin{bmatrix} -1 & -2 & -1 \\ 0 & 0 & 0 \\ 1 & 2 & 1 \end{bmatrix}$$

$$D_y = \begin{bmatrix} -1 & 0 & 1 \\ -2 & 0 & 2 \\ -1 & 0 & 1 \end{bmatrix}$$

图 6.17 索贝尔算子的模板

$$\nabla f = \sqrt{D_x^2 + D_y^2}$$

$$D_x = \begin{bmatrix} -1 & -1 & -1 \\ 0 & 0 & 0 \\ 1 & 1 & 1 \end{bmatrix}, \quad D_y = \begin{bmatrix} -1 & 0 & 1 \\ -1 & 0 & 1 \\ -1 & 0 & 1 \end{bmatrix}$$

图 6.18 普瑞特算子的模板

图 6.19 一阶微分锐化算法比较

a）原图像　b）梯度算子　c）罗伯茨算子　d）普瑞特算子　e）索贝尔算子

2）罗伯茨算子的模板大小为 2×2，提取出的信息较弱。

3）单方向锐化算子经后处理，也可以对边界进行增强。

6.2.4 二阶微分锐化

以拉普拉斯算子为例介绍二阶锐化。设 $(z_1 \rightarrow z_9) \in f(x, y)$，并被 3×3 模板覆盖，则图像的二阶导数为

$$\nabla^2 f(x,y) = \frac{\partial^2 f}{\partial x^2} + \frac{\partial^2 f}{\partial y^2} \tag{6.10}$$

对于离散图像，拉普拉斯算子定义为

$$\frac{\partial^2 f}{\partial x^2} = (z_6 - z_5) - (z_5 - z_4)$$

$$\frac{\partial^2 f}{\partial y^2} = (z_8 - z_5) - (z_5 - z_2)$$

得

$$\nabla^2 f = \left(f(x+1,y) + f(x-1,y) + f(x,y+1) + f(x,y-1)\right) - 4f(x,y) \tag{6.11}$$

由此得到拉普拉斯算子，如图 6.20 所示，它是最简单的各向同性二阶微分算子。图 6.21 为使用拉普拉斯算子对图像锐化的效果。

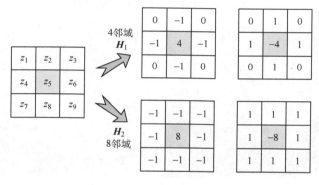

图 6.20　拉普拉斯算子的模板系数

图 6.21　拉普拉斯算子的滤波效果

a）原图像　b）拉普拉斯算子锐化图像

采用锐化算子增强图像时，可能需要将滤波结果叠加在原图像上，此时拉普拉斯算子的表达式如下：

$$g(x,y) = \begin{cases} f(x,y) - \nabla^2 f(x,y) \\ f(x,y) + \nabla^2 f(x,y) \end{cases} \tag{6.12}$$

式中，"−"表示掩模的中心为负；"+"表示掩模的中心为正。这样即可将锐化结果叠加在原图上，在保持原图信息的同时，增强了图像的边缘和细节。其对应的模板如图 6.22 所示。图 6.23 为使用改进的 4 邻域拉普拉斯算子对图像锐化的效果。

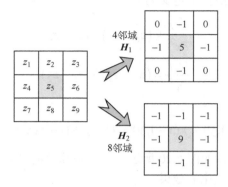

图 6.22　改进拉普拉斯算子的模板

a）　　　　　　　　　　　　　　　　　　b）

图 6.23　改进的 4 邻域拉普拉斯算子的图像锐化效果

a）原图像　b）改进的 4 邻域拉普拉斯算子锐化图像

以索贝尔算子和拉普拉斯算子为例，对比一阶锐化和二阶锐化的原理及效果，可得以下结论：

1）索贝尔算子获得较粗的边界，细节信息较少。

2）拉普拉斯算子获得较细致的边界，细节信息更多。

另一方面，通过图 6.24 能进一步了解平滑和锐化模板之间的关系：平滑等价于对图像进行低通滤波，而锐化等价于对图像进行高通滤波，即平滑⇔低通，锐化⇔高通。若选择适当的滤波模板和系数，则有可能实现平滑结果加上锐化结果等于原图像。

$$\frac{1}{9}\begin{bmatrix} -1 & -1 & -1 \\ -1 & 8 & -1 \\ -1 & -1 & -1 \end{bmatrix} = \frac{1}{9}\begin{bmatrix} 0 & 0 & 0 \\ 0 & 9 & 0 \\ 0 & 0 & 0 \end{bmatrix} - \frac{1}{9}\begin{bmatrix} 1 & 1 & 1 \\ 1 & 1 & 1 \\ 1 & 1 & 1 \end{bmatrix}$$

锐化模板　　　　　原图像　　　　平滑模板

图 6.24　平滑和锐化模板之间的关系

在图像的空域变换中，可以通过对原图像乘系数 k 的方法调节"原图"在输出图像中占据的比重，即

$$g(x,y) = kf(x,y) - f_{LP}(x,y)$$

式中，k 是正整数；$f(x,y)$ 是原图像；$f_{LP}(x,y)$ 是低通图像；$g(x,y)$ 是高通图像。

6.3　频域平滑滤波

6.3.1　频域滤波的基本模型

经过第 5 章的学习，读者已经对频域滤波的基础知识有了一定的了解。在数字图像中，傅里叶变换得到的频率分量和图像空间特征间存在一定联系：低频信息对应图像中变化慢的分量[其中零频率（$u=v=0$）对应图像的灰度平均值]，而较高频率信息则对应图像中变化快的分量[如边缘和其他尖锐变化（如噪声）等]。一般在频域图像中，90%以上的功率集中在不到 1%的面积内，但是剩下不到总功率 10%的高频部分却决定了图像的显示信息。图 6.25 为利用傅里叶变换处理一幅图像的基本过程。

图 6.25　频域滤波的图像处理过程

频域处理图像的基础是频域滤波。设原图像 $f(x,y)$ 的傅里叶变换为 $F(u,v)$，则频域基本滤波模型可以表示为

$$G(u,v) = H(u,v)F(u,v) \tag{6.13}$$

式中，$H(u,v)$ 是滤波传递函数；$G(u,v)$ 是处理后的频域图像，再经过逆傅里叶变换即可得到经过滤波处理后的图像 $g(x,y)$，即

$$g(x,y) = \mathcal{F}^{-1}(G(u,v)) \tag{6.14}$$

后面几节将以两种频域滤波器——理想滤波器和巴特沃斯（Butterworth）滤波器为例介绍频域低通和高通滤波。

6.3.2　理想低通滤波器

理想低通滤波器是最简单的频域低通滤波器，它通过截断图像傅里叶变换中的高频成分达到低通滤波的效果，这种滤波器被称为二维理想低通滤波器（ILPF），其变换函数为

$$H(u,v) = \begin{cases} 1 & D(u,v) \leqslant D_0 \\ 0 & D(u,v) > D_0 \end{cases} \tag{6.15}$$

式中，D_0 是截止频率；$D(u,v)$ 是点 (u,v) 到频域矩阵中心的距离。假设原图像及其傅里叶变换后的图像（经过了半周期平移）的尺寸均为 $M \times N$ 像素，则有

$$D(u,v) = [(u - M/2)^2 + (v - N/2)^2]^{1/2} \tag{6.16}$$

图 6.26 是 $H(u,v)$ 作为 u 和 v 函数的三维透视图与图像显示。

69

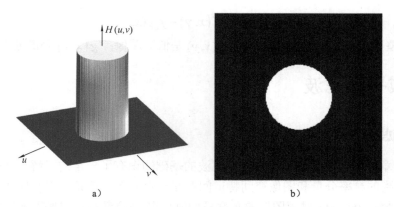

图 6.26　理想低通滤波器函数 $H(u,v)$ 的三维透视图与图像显示

a）三维透视图　b）理想低通滤波器的图像显示

从图 6.26 可以看出，在理想低通滤波器中，半径 D_0 的圆内所有频率无衰减地通过滤波器，而在此半径之外的所有频率则被完全滤除。$H(u,v)=1$ 和 $H(u,v)=0$ 之间的过渡位置 D_0 称为该理想低通滤波器的截止频率。

频域图像包含的总功率 P_r 为

$$P_r = \sum_{u=0}^{M-1}\sum_{v=0}^{N-1} P(u,v) \tag{6.17}$$

如果做中心平移变换，以频域中心为原点，则半径为 r 的圆包含了百分之 β 的总能量，即

$$\beta = 100\left(\sum_u \sum_v P(u,v)/P_r\right) \tag{6.18}$$

图 6.27 显示了测试图像及其傅里叶频谱，图 6.28 进一步显示了该图像的理想低通滤波结果。

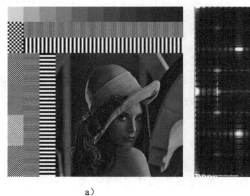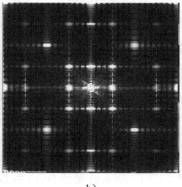

a）　　　　　　　　　　　b）

图 6.27　测试图像及其傅里叶频谱

a）大小为 512×512 像素的测试图像　b）傅里叶频谱

通过研究理想低通滤波的原理和实验结果，可以总结出理想低通滤波器的如下特性：

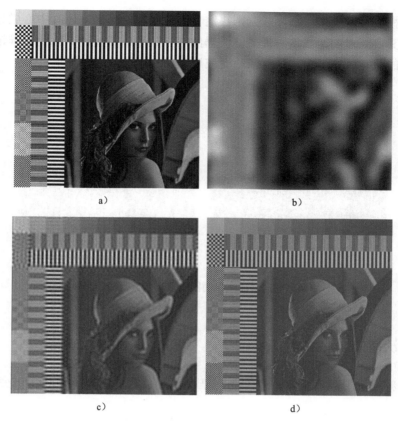

图 6.28 测试图像的理想低通滤波结果

a）原图像 b）半径 D_0 为 10 时的理想低通滤波结果

c）半径 D_0 为 50 时的理想低通滤波结果 d）半径 D_0 为 230 时的理想低通滤波结果

1）整个图像能量的 90%集中在半径为 10 的小圆内，大部分尖锐细节信息存在于被去掉的 10%能量中。

2）小的边界和其他尖锐细节信息被包含在频谱的 1%的能量中。

3）平滑图像产生非常严重的振铃效应（理想低通滤波器的特性所决定）。

理想低通滤波器的模糊和振铃特性可以用卷积定理来解释。原始图像 $f(x,y)$ 的傅里叶变换和模糊的图像 $g(x,y)$ 在频域中相互关联，即

$$G(u,v) = H(u,v)F(u,v) \tag{6.19}$$

频域的乘积相当于空域的卷积，即

$$g(x,y) = h(x,y) * f(x,y) \tag{6.20}$$

式中，$h(x,y)$ 是滤波变换函数 $H(u,v)$ 的傅里叶逆变换。

图 6.29 可以用来解释振铃效应。滤波函数和图像在频域的乘积等价于其傅里叶变换函数和图像在空域的卷积，因此使用图 6.29a 作为图像的频域滤波器等效于使用图 6.29b 作为图像的空域滤波器。从图中可以看出，频域理想低通滤波器对应的空域滤波器 $h(x,y)$ 有两个主要特征，即在原点处的一个主要成分及其周围的周期性圆环成分。其中，中心成分主要决定滤

波后图像的模糊程度，周期性圆环成分则决定了振铃现象，而且 $h(x,y)$ 中心成分的半径、圆环的数量以及其离原点的距离均与理想滤波器的截止频率值成反比。因此不难推断，频域理想低通滤波器的截止频率越小，其对应的滤波后图像的振铃效应越严重。

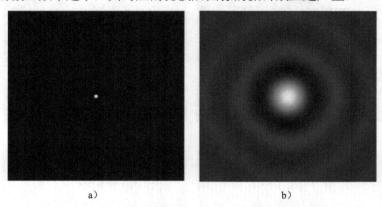

a)   b)

图 6.29   频域理想低通滤波器的图像显示及其对应的空域滤波器

a）频域理想低通滤波器 b）对应的空域滤波掩模

6.3.3   巴特沃斯低通滤波器

一个截止频率位于距离原点 D_0 处的 n 阶巴特沃斯低通滤波器（BLPF）的变换函数如下：

$$H(u,v) = \frac{1}{1 + [D(u,v)/D_0]^{2n}} \tag{6.21}$$

式中，n 取正整数。其透视图及图像显示如图 6.30 所示。从图中可以看出，与理想低通滤波器相比，巴特沃斯低通滤波器的变换函数是连续的，不存在一个不连续点来明确划分通过和被滤掉的频率成分。通常把 $H(u,v)$ 开始小于其最大值一定比例的点当作巴特沃斯低通滤波器的截止频率点。一般情况下按如下方式定义巴特沃斯低通滤波器截止频率 D_0 的位置：当 $D(u,v) = D_0$ 时，$H(u,v) = 0.5$，即 $H(u,v)$ 下降到最大值的一半，对应的频率点定义为截止频率 D_0 的位置。

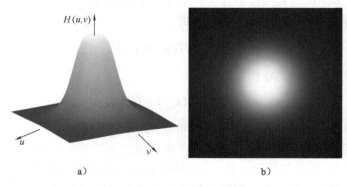

a)   b)

图 6.30   巴特沃斯低通滤波器

a）滤波器的透视图 b）滤波器的图像显示

图 6.31 对比了不同截止频率下的一阶巴特沃斯低通滤波器的滤波效果。通过原理分析和实验，总结出巴特沃斯低通滤波器具有如下特性：

1）一阶巴特沃斯低通滤波器没有振铃效应，阶数越高振铃效应越明显。

2）影响巴特沃斯低通滤波器处理效果的因素主要有两个，一个是阶数，另一个是截止频率 D_0 的取值，一般情况下调整后者得到的效果更好。

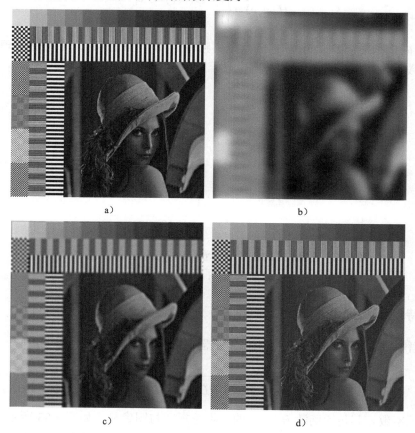

a)　　　　　　　　　　　　　　b)

c)　　　　　　　　　　　　　　d)

图 6.31　不同截止频率 D_0 下一阶巴特沃斯低通滤波器的滤波效果

a）原图像　b）半径 D_0 为 10 时的滤波效果　c）半径 D_0 为 50 时的滤波效果　d）半径 D_0 为 230 时的滤波效果

6.4　频域锐化滤波

前面章节介绍了如何利用傅里叶变换抑制图像高频成分，从而模糊图像。本小节讨论如何利用频域高通滤波器实现图像锐化。

频域高通滤波器与图像作用的基本思想和低通滤波器相似，即

$$G(u,v) = H(u,v)F(u,v)$$

但高通滤波器通过抑制图像的低频成分来锐化图像，所以可理解成对低通滤波器的"反转"，即

$$H_{\mathrm{HP}}(u,v) = 1 - H_{\mathrm{LP}}(u,v) \tag{6.22}$$

式中，$H_{LP}(u,v)$ 是低通滤波器的传递函数；$H_{HP}(u,v)$ 是频域高通滤波器。

6.4.1 理想高通滤波器

一个二维的理想高通滤波器（IHPF）的传递函数为

$$H(u,v)=\begin{cases}0 & D(u,v)\leqslant D_0 \\ 1 & D(u,v)>D_0\end{cases}\tag{6.23}$$

式中，D_0 是截止频率；$D(u,v)$ 是 (u,v) 点距离频域矩阵中心的距离。图 6.32 是理想高通滤波器的传递函数 $H(u,v)$ 的三维透视图与图像显示。

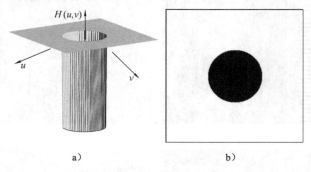

图 6.32 理想高通滤波器的传递函数的三维透视图与图像显示

a）三维透视图 b）图像显示

6.4.2 巴特沃斯高通滤波器

截止频率为 D_0 的 n 阶巴特沃斯高通滤波器（BHPF）的变换函数如下：

$$H(u,v)=1-\frac{1}{1+\left[D(u,v)/D_0\right]^{2n}}=\frac{1}{1+[D_0/D(u,v)]^{2n}}\tag{6.24}$$

式中，n 取正整数。其传递函数 $H(u,v)$ 的三维透视图与图像显示如图 6.33 所示。

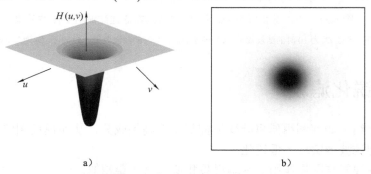

图 6.33 巴特沃斯高通滤波器的三维透视图与图像显示

a）三维透视图 b）图像显示

图 6.34 是理想高通滤波器和巴特沃斯高通滤波器的滤波效果对比（图像大小为 512×512 像素）。不难看出，理想高通滤波器也有明显的振铃效应。

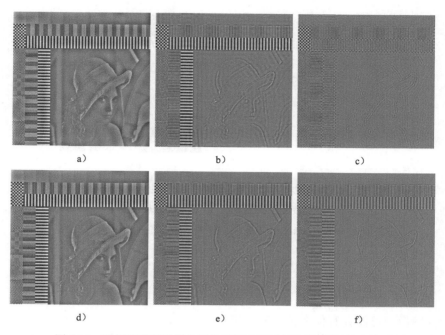

图 6.34　理想高通滤波器和巴特沃斯高通滤波器的滤波效果对比

a）半径 D_0 为 10 时的理想高通滤波效果　　b）半径 D_0 为 30 时的理想高通滤波效果

c）半径 D_0 为 230 时的理想高通滤波效果　　d）半径 D_0 为 10 时的巴特沃斯高通滤波效果

e）半径 D_0 为 30 时的巴特沃斯高通滤波效果　　f）半径 D_0 为 50 时的巴特沃斯高通滤波效果

6.4.3　频域拉普拉斯算子

拉普拉斯算子定义为

$$\nabla^2 f(x, y) = \frac{\partial^2 f}{\partial x^2} + \frac{\partial^2 f}{\partial y^2} \tag{6.25}$$

根据傅里叶变换的性质，可得（因为归一化的需要，去掉了系数 $4\pi^2$）

$$G(u, v) = -\left(u^2 + v^2\right) F(u, v) = H(u, v) F(u, v) \tag{6.26}$$

则有

$$H(u, v) = -\left(u^2 + v^2\right) \tag{6.27}$$

对 $M \times N$ 像素大小的图像应用时，滤波函数中心要平移，得

$$H(u, v) = -\left[\left(u - M/2\right)^2 + \left(v - N/2\right)^2\right] \tag{6.28}$$

图 6.35 是频域拉普拉斯滤波器的三维透视图和显示图像。值得注意的是：虽然频域拉普拉斯函数 $H(u, v)$ 是中间凸起的曲面，但它依然是一个高通滤波器，这是因为若其中心取值为零，其他位置值均小于零，故中心位置的绝对值小于其他位置。因此，它与频域图像相乘，将增强高频成分。

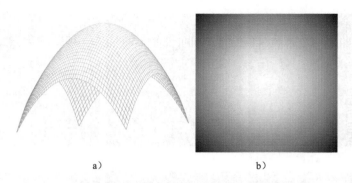

图 6.35　频域拉普拉斯滤波器的三维透视图和显示图像

a）滤波器的三维透视图　b）滤波器的显示图像

注：图 6.35b 为了显示需要，事先对拉普拉斯函数所有值加上了一个正整数。

习　　题

1. 一幅图像中可能会有什么种类的噪声？

2. 什么是白噪声？它有什么特点？

3. 如何处理图像中的混合噪声？

4. 对图像进行空域平滑时，模板应该满足什么条件？

5. 图 6.36 为一幅 16 级灰度的图像。请写出均值滤波和中值滤波的 3×3 滤波器，说明这两种滤波器各自的特点，并写出两种滤波器对图 6.36 的滤波结果（只处理灰色区域，不处理边界）。

1	2	2	2	3
1	15	1	2	2
2	1	2	0	3
0	2	2	3	1
3	2	0	2	2

图 6.36　16 级灰度的图像

6. 图像中的细节特征大致有哪些？一般细节反映在图像中的哪些地方？

7. 一阶微分算子和二阶微分算子在提取图像的细节信息时，结果有什么异同？

8. 空域平滑和锐化的模板之间有什么联系？

9. 理想低通滤波器的截止频率选择不恰当时，会有很强的振铃效应，试从原理上解释振铃效应的产生原因。

第7章 图像分割

7.1 图像分割概述

图像分割是把图像分成若干个互不相交的区域,每一个区域内部的某种特性相同或接近,而不同区域的图像特征则有明显差别,即同一区域内部特性变化平缓、相对一致,而区域边界处特性变化则比较剧烈。图像分割和图像增强的区别在于,图像分割的输出是从原图中提取出来的目标边缘、物体标识等,而图像增强的输出是原图像质量得到改善后的图像。如图7.1 所示,图像分割是由狭义图像处理发展到图像分析的关键步骤,也是进一步理解图像的基础。

现有的图像分割策略主要分为边缘提取和阈值分割,分别基于像素灰度值的两个基本性质:不连续性和相似性。不连续性是指在灰度图像中,目标和背景的灰度存在一定差异,因此可以通过检测目标与背景的局部不连续性实现边界检测进而完成图像分割;而相似性则是检测图像像素灰度值的相似性,分割出灰度值相似的区域。

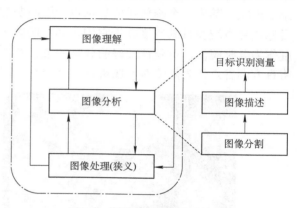

图 7.1 图像分割的地位和作用

7.2 图像分割的方法

7.2.1 边缘检测法

一般来说,为了达到寻找边缘的目的,可用本书介绍的锐化或者形态学相关的知识,在此不再赘述,请自行查阅相关章节。

7.2.2 阈值法

1. 阈值法概述

阈值法是指确定一个灰度门限来区分目标与背景,在门限之内的像素属于目标,其他则属于背景。这种方法对于目标与背景之间存在明显差别的图像分割十分有效。

设给定的灰度图像 $f(x,y)$ 的像素灰度值落在区间 $[t_1, t_2]$ 中,因此可运用一定的算法确定一个阈值或子集 $t \subset [t_1, t_2]$,根据各像素灰度是否属于 t 而将其分类,即

$$g(x,y) = \begin{cases} a_{xy} & f(x,y) \in t \\ b_{xy} & f(x,y) \notin t \end{cases} \tag{7.1}$$

式中，a_{xy}、b_{xy} 分别是指定的灰度值或保留原值。如果取

$$\begin{cases} a_{xy} = 1 \\ b_{xy} = 0 \end{cases} \qquad (7.2)$$

则分割后的图像为二值图像，目标与背景之间具有最大对比度。如果取

$$\begin{cases} a_{xy} = f(x, y) \\ b_{xy} = 0 \end{cases} \qquad (7.3)$$

则分割后的图像背景灰度为 0，目标保留了原灰度。

2. 阈值选取方法

（1）直接阈值法

如果目标区域和背景区域在灰度上有较明显的差异，那么该图像的直方图将呈现双峰夹单谷形状，其中一个峰值对应目标点的中心灰度，另一个峰值对应背景点的中心灰度。由于目标边界点较少且其灰度介于它们之间，所以双峰之间的谷点对应边界的灰度，将谷点的灰度作为分割阈值，可获得较好的分割效果。图 7.2a 为珍珠图像，珍珠和背景灰度差异很大，将直方图谷点作为阈值对原图进行图像分割，即可将珍珠分割出来，如图 7.2b 所示。

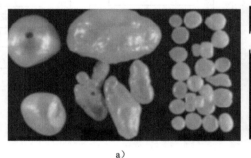 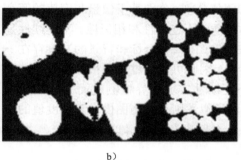

a）   b）

图 7.2　基于直接阈值法的图像分割示例

a）珍珠图像　b）对应的分割结果

注意，由于直方图是各级灰度的像素统计，如果没有图像其他方面的知识，只靠直方图进行分割是不可靠的。直方图谷点与最佳分割阈值之间总是存在误差，有时甚至无法确定，如图 7.3 所示。其中，图 7.3a、b、c 为目标和背景的灰度分布，图 7.3d、e、f 分别为与图 7.3a、b、c 对应的直方图。

多数情况下，只有首先对图像做一些必要的预处理，才能利用阈值法实现有效的图像分割。若物体和背景的对比度在图像中不是处处一样的，这时很难用一个统一的阈值将物体与背景分开。针对这类图像，可以根据图像的局部特征分别采用不同的阈值进行分割，如图 7.4 所示。例如，将图像分成若干子区域分别选择阈值，或者根据每个像素点邻域像素灰度值计算该点处的阈值，再进行图像分割。

（2）最佳分割阈值法

利用统计学上的误差最小准则、可能性最大准则、方差最大准则等，可以计算图像分割的最佳阈值。以下介绍依据最小误差准则计算最佳分割阈值的过程。

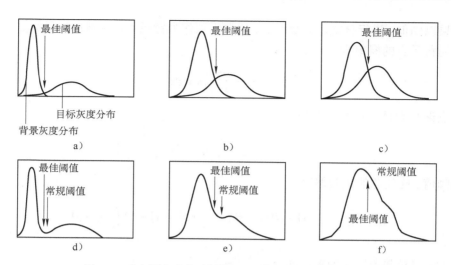

图 7.3　直方图谷点作为阈值进行图像分割的缺陷

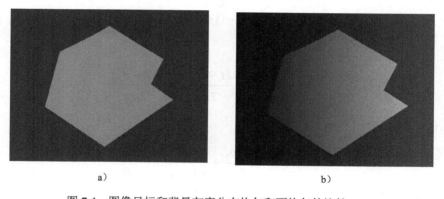

图 7.4　图像目标和背景灰度分布均匀和不均匀的比较

a）分布均匀、适合全局阈值处理的图像　b）分布不均匀、适合局部阈值处理的图像

　　如图 7.5 所示，设图像中含有目标和背景，目标的平均灰度高于背景的平均灰度，根据二者的灰度分布特征，使用全局阈值 T 来分割和提取目标。假设目标点的灰度分布密度函数为 $p(x)$，均值和方差为 μ_1 和 σ_1^2；背景点的灰度分布密度函数为 $q(x)$，均值和方差为 μ_2 和 σ_2^2，即

$$p(x) = \frac{1}{\sqrt{2\pi}\sigma_1}\exp\left[-\frac{(x-\mu_1)^2}{2\sigma_1^2}\right] \tag{7.4}$$

$$q(x) = \frac{1}{\sqrt{2\pi}\sigma_2}\exp\left[-\frac{(x-\mu_2)^2}{2\sigma_2^2}\right] \tag{7.5}$$

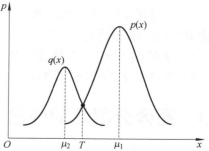

图 7.5　目标点和背景点的灰度分布

　　设目标点的个数占图像总像素数的百分比为 θ，则背景点比例为 $1-\theta$。那么，这幅图像的灰度分布密度函数为

$$s(x) = \theta p(x) + (1-\theta)q(x) \tag{7.6}$$

如果以阈值 t 进行分割，灰度小于 t 的像素点作为背景点，否则作为目标点，于是将目标点误判为背景点的概率为

$$\varepsilon_1 = \int_{-\infty}^{t} p(x)\mathrm{d}x \qquad (7.7)$$

把背景点误判为目标点的概率为

$$\varepsilon_2 = \int_{t}^{\infty} q(x)\mathrm{d}x \qquad (7.8)$$

选取的阈值 t 应使总的误判概率

$$\varepsilon = \theta\varepsilon_1 + (1-\theta)\varepsilon_2 = \theta\int_{-\infty}^{t} p(x)\mathrm{d}x + (1-\theta)\int_{t}^{\infty} q(x)\mathrm{d}x \qquad (7.9)$$

最小。对 t 求导并令结果为零，即令 $\dfrac{\partial\varepsilon(t)}{\partial t} = 0$，有

$$\theta p(t) - (1-\theta)q(t) = 0 \qquad (7.10)$$

即

$$\ln\frac{\theta\sigma_2}{(1-\theta)\sigma_1} - \frac{(t-\mu_1)^2}{2\sigma_1^2} = \frac{-(t-\mu_2)^2}{2\sigma_2^2} \qquad (7.11)$$

当 $\sigma_1^2 = \sigma_2^2 = \sigma^2$ 时，全局阈值

$$T = \frac{\mu_1 + \mu_2}{2} + \frac{\sigma^2}{\mu_2 - \mu_1}\ln\frac{\theta}{1-\theta} \qquad (7.12)$$

若先验概率已知，例如 $\theta = 1/2$，则有

$$T = \frac{\mu_1 + \mu_2}{2} \qquad (7.13)$$

基于上述分析，通过迭代算法可求出最小误差准则下的分割阈值：

1）全局阈值 T 选择一个初始估计值，如整幅图像的灰度均值。

2）利用式（7.13）分割图像，将产生 G_1 和 G_2 两组像素，G_1 由灰度值大于或等于 T 的所有像素组成，G_2 由所有灰度值小于 T 的像素组成。

3）根据 G_1 和 G_2 中的像素分别计算平均灰度值（均值）m_1 和 m_2。

4）重复步骤 2）和步骤 3），直到连续迭代中的 T 值不再变化。

7.3 图像分割后的问题

图像分割的目的是将画面场景分为"目标"和"非目标"两类，即将图像像素变换为黑、白两种。由于存在噪声，图像分割一般不能一步到位，例如经过阈值法之后，往往存在一些缺陷，如目标和背景的边界像素点不连续，目标、背景内部有噪声点等。因此，图像分割算法后面总要跟随着其他边界检测过程和连接过程。

7.3.1 图像分割后的边缘检测——坎尼算子

坎尼（Canny）算子是计算机科学家约翰·坎尼（John F. Canny）于 1986 年提出的多级边缘检测算法，坎尼算子的提出基于以下三个目标：

1）好的信噪比，即将非边缘点判定为边缘点、边缘点判定为非边缘点的概率都要低。

2）高的定位性能，即检测出的边缘要尽可能在实际边缘的中心。

3）对单一边缘仅有唯一响应，即单个边缘产生多个响应的概率要低，并且虚假响应边缘应得到最大抑制。

用坎尼算子进行边缘检测的整体步骤如下：

1）对图像进行高斯模糊。

2）计算图像梯度，根据梯度计算图像边缘幅值与角度。

3）边缘细化。

4）双阈值边缘检测和连接。

5）输出二值化图像结果。

下面对各步骤做进一步解释：

1）高斯模糊去噪声。边缘检测算法主要是基于图像的导数提取边缘信息。导数通常对噪声很敏感，因此必须使用滤波器来去除图像中的噪声。坎尼算子使用的是高斯滤波器，实际工程经验表明，用高斯核函数做平滑处理可以兼顾去除噪声干扰和边缘检测精确定位。

2）用一阶偏导的有限差分来计算图像中各像素点梯度的幅值和方向。

3）边缘细化即对梯度幅值进行非极大值抑制。在坎尼算子中，非极大值抑制是进行边缘检测的重要步骤，通俗意义上是指寻找像素点梯度局部最大值，将非极大值点所对应的灰度值置为零，这样将剔除掉一大部分非边缘的点。

如图 7.6 所示，点 C 是当前需要判断的像素点，斜线是它的梯度方向；g_1、g_2、g_3、g_4 是点 C 的八邻域中的四个像素点；点 d_{tmp1} 和 d_{tmp2} 是点 C 梯度方向与点 C 八邻域边界的交点，其梯度幅值通过插值计算得到。若点 C 的梯度幅值大于点 d_{tmp1} 处且大于点 d_{tmp2} 处梯度幅值，则点 C 是局部梯度最大值，可能是边缘点，得以保留；若点 C 的梯度幅值小于点 d_{tmp1} 处或者小于点 d_{tmp2} 处梯度幅值，则点 C 非局部梯度极大值，一定不是边缘点，将被置零。

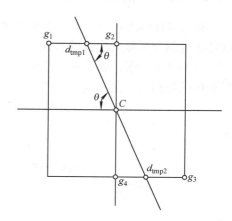

图 7.6　坎尼算子非极大值抑制原理图

4）双阈值边缘检测和连接。较高的亮度梯度值较有可能是边缘，但是很难找到一个确切的值来限定多大的亮度梯度值是边缘，所以坎尼算子使用了滞后阈值。滞后阈值需要两个阈值——高阈值与低阈值。首先借助高阈值标识出大概率的真实边缘点，接着利用前面获得的梯度方向信息，从这些边缘点开始在图像中跟踪整个的边缘曲线上的点。在跟踪的时候，设定低阈值，这样就可以跟踪曲线的模糊部分直到结束，最终得到二值化的图像边缘。

具体算法如下：设非极大值抑制产生的图像为 $N(i, j)$，有阈值 τ_1 和 τ_2，且 $\tau_1 < \tau_2$。用这两个

阈值处理边缘图像 $N(i,j)$，把梯度值小于 τ_1 的像素的灰度设为 0，得到边缘图像 T_1，同理得到 T_2。由于 T_2 是使用高阈值得到的，因此它包含较少的假边缘，但是也可能损失了一些真实的边缘信息；而 T_1 的阈值较小，保留了较多的信息。以图像 T_2 为基础，以 T_1 为补充，完善图像的边缘。具体过程如图 7.7 所示，图 7.7a 为图像 T_1，图 7.7b 为图像 T_2。

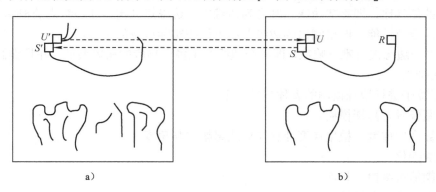

图 7.7　坎尼算法的边缘连接示意图

a）图像 T_1　b）图像 T_2

首先在图像 T_2 中扫描，一旦遇到一个非零灰度的像素 R，跟踪以 R 为起始点的轮廓线，直到该线的终点 S。接着在图像 T_1 中比较与图像 T_2 中点 S 位置对应的点 S' 的八邻域。如果点 S' 的八邻域有非零像素 U' 存在，则将其包括在图像 T_2 中，作为像素 U。同理，在 T_2 中继续跟踪以 U 为起始点的轮廓线。包含 R 的轮廓线的连接已经完成，可标记为已访问过。这样循环直到在图像 T_1 和 T_2 中都无法继续时，坎尼算子边缘检测完成。

7.3.2　图像分割后的断点连接——霍夫变换

霍夫（Hough）变换经常用来检测和描述直线或圆等形式比较规范的曲线或边界。下面以直线为例介绍霍夫变换的原理。

如图 7.8 所示，若给定图像中的 n 个点，要从中确定连接在同一条直线上的点的子集，可看作已检测出一条直线上的若干个点，要求出它们所在的直线。

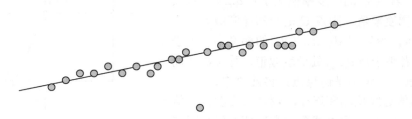

图 7.8　将图像分割产生的边界点集连接成完整边界的示意图

设 (x,y) 为待连接直线边界上的点，$y = px + q$ 为过点 (x,y) 的直线，定义 XY 为图像空间，PQ 为参数空间。如图 7.9 所示，XY 空间里的任意一条直线，对应在参数 PQ 空间中的一点。过 XY 空间中某点 (x,y) 的所有直线，对应在 PQ 参数空间中的一条直线。

如果 XY 空间中点 (x_1,y_1) 与点 (x_2,y_2) 共线，那么这两点在参数 PQ 空间上的直线将有一个交点。在参数 PQ 空间中相交直线最多的点，对应的 XY 空间上的直线就是所求的解。

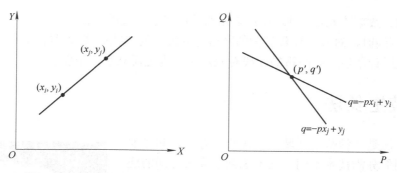

图 7.9 霍夫变换中图像像素点空间和直线参数空间的点线对偶性

霍夫变换根据上述点线对偶性把检测问题转换到参数空间，通过简单的累加统计实现边缘检测。霍夫变换的实现过程如图 7.10 所示。首先，在参数空间 PQ 建立一个 2D 累加数组 $A(p,q)$，初始化为 0，累加数组的尺寸决定了求解结果的精度。预估斜率的取值范围并记为 $[p_{\min},p_{\max}]$，对 XY 空间中每一个给定点，让 p 在 $[p_{\min},p_{\max}]$ 区间取所有可能的值，按 $q = -px + y$ 求出 q。根据 p、q 取整数值在 $A(p,q)$ 处累加，累加结果可表明多少点是共线的，(p,q) 的值也给出了直线方程的参数。

然而，当直线垂直于 x 轴时，斜率无穷大，此时参数空间无法细分。为此，引入极坐标系，利用直线的极坐标方程完成直线检测。直线的极坐标方程为

$$r = x\cos\theta + y\sin\theta \qquad (7.14)$$

式中，r 是极坐标原点到直线的距离；θ 是直线法线与 X 轴的夹角。如图 7.11 所示，XY 空间中的任意一条直线对应 $r\theta$ 空间中的一个点，XY 空间中的任意一点对应 $r\theta$ 空间中的一条正弦曲线。

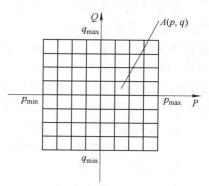

图 7.10 霍夫变换检测直线时参数空间的累加数组

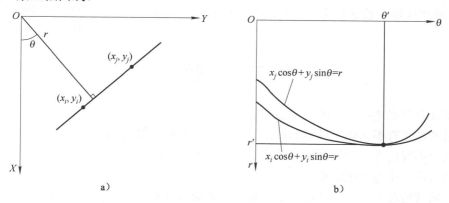

a)

b)

图 7.11 霍夫变换图像像素点直角坐标空间和直线极坐标参数空间的对应关系

a）像素点上标空间 b）直线极坐标参数空间

直线采用极坐标表示时，霍夫变换的实现过程和直线采用直角坐标表示时类似。

1）将 $r\theta$ 空间划分为等间隔的小网格，创建一个与之对应的计数矩阵，初始值置零。

2）对于 XY 空间中的每一点，在 $r\theta$ 空间中画出与它对应的曲线，凡是这条曲线所经过的

小格，对应的计数矩阵元素加 1。计数单元的数值等于共线的点数。

3）检测直线时，对应于计数值大的网格，通过它的那些曲线所对应的 *XY* 空间的诸点近乎共线，而通过计数值小的网格的曲线对应点应认为是孤立点，予以去除。

7.4 区域生长法

区域生长法是一种基于区域的图像分割方法，和之前基于灰度的图像分割技术不同，它考虑到了像素之间的连通性。区域生长是把图像分割成若干小区域，比较相邻区域特征的相似性，若它们足够相似，则作为同一个区域合并，以此方式将特征相似的小区域不断合并，直到不能合并为止，最后形成特征不同的多个区域。

进行区域生长操作，首先要对每个需要分割的区域设定或寻找一个种子像素作为生长的起点，然后将种子像素周围的像素按照事先指定的准则合并到种子像素所在的区域中。将这些新像素当作新的种子像素继续进行上述操作，直到再没有满足条件的像素可被包括进来。

因此，应用区域生长法时需要解决三个问题：

1）选择或确定一组能正确代表所需区域的种子像素。

2）制订生长准则，即相似性准则。

3）制订停止生长的准则。

在缺乏先验知识的情况下，区域生长方法可以取得最佳的性能，因此常用来分割比较复杂的图像。但是，区域生长方法是一种迭代的方法，空间和时间开销都比较大。图 7.12 为使用区域生长法对仿真的 CT 图像进行图像分割的示例。

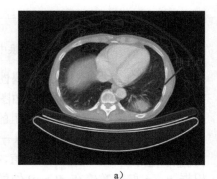

a)

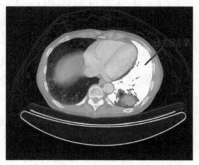

b)

图 7.12　对仿真 CT 图像做区域生长

a）原图　b）区域生长结果

习　　题

1. 图像分割和边缘检测的目的是什么？
2. 思考是否有不依赖于目标和背景像素分布模型的图像分割方法。
3. 如果图像的直方图只有一个峰应该如何分割？
4. 思考可以用滤波来分割图像吗。
5. 在通常情况下，如何确定一个像素是否为边缘像素？
6. 思考能否利用霍夫变换计算手机上照相机镜头的失真。

第8章 形态学处理

　　图像形态学是在数学形态学（Mathematical Morphology）的基础上依据集合论方法发展起来的一种图像处理方法，是由法国和德国的科学家在研究岩石结构并对其进行定量描述时建立的，主要用途是获取物体拓扑结构信息，它是一种独特的数字图像分析方法和理论。

　　数学形态学是一门建立在严格数学理论基础上的学科，其基本思想和方法对图像处理的理论和技术产生了重大影响，迄今为止，还没有一种方法能像数学形态学那样，既有坚实的理论基础，又有如此广泛的实用价值。数学形态学已经成为计算机数字图像处理的一个重要研究领域，并且已经应用在多门学科的数字图像分析和处理的过程中，如在计算机文字识别、计算机显微图像分析（例如定量的金相分析、颗粒分析）、医学图像处理（例如细胞检测、心脏的运动过程研究、脊椎骨癌图像自动描述）、图像编码压缩、工业检测（如食品检验和印制电路自动检测）、材料科学、机器人视觉、汽车运动情况监测等方面都取得了非常成功的应用。另外，数学形态学在指纹检测、合成音乐和断层 X 射线照相等领域也有良好的应用前景。形态学方法已成为图像应用领域的必备工具。

　　形态学的用途是获取物体的拓扑结构信息，它通过物体和结构元素相互作用的某些运算，得到物体更本质的形态。在图像处理中的应用主要是：①利用形态学的基本运算，对图像进行观察和处理，从而达到改善图像质量的目的；②描述和定义图像的各种几何参数和特征，如面积、周长、连通域以及颗粒度、骨架和方向性等。

　　图像形态学主要分为二值形态学和灰度形态学两种。本章首先讨论图像形态学的基本概念，之后针对形态学处理中的四个典型问题进行分析，再重点介绍二值形态学中的腐蚀（Erosion）、膨胀（Dilation）、开运算和闭运算，最后通过应用举例深入理解这些概念和定义。

8.1　图像形态学的基本概念

　　二值形态学的语言是集合论，即将图像和结构元素都看作集合，从集合的关系进行研究。数学形态学中的集合表示图像中的对象。例如，在二值图像中，所有白色像素的集合是该图像的一个完整的形态学描述。

　　数学形态学是由一组形态学的代数运算组成的，它的基本运算只有两个，即膨胀、腐蚀。但一般来讲也把开运算和闭运算作为数学形态学的基本运算。基于这些基本运算还可推导和组合成各种数学形态学实用算法，用它们可以进行图像形状和结构的分析及处理，包括图像分割、特征抽取、边界检测、图像滤波、图像增强和恢复等。

　　数学形态学方法利用一个称作结构元素的"探针"搜集图像的信息，当探针在图像中不断移动时，便可考察图像各个部分之间的相互关系，从而了解图像的结构特征。数学形态学基于探测的思想，与人的注意力焦点（Focus Of Attention，FOA）的视觉特点有类似之处。作为探针的结构元素，可直接携带知识（方向、形态、大小甚至加入灰度和色度信息）来探测、研究图像的结构特点。

本节主要介绍集合论的相关知识和二值图像的基本概念。

8.1.1 集合论基础知识

1. 集合

由一个或多个确定的、有区别的事物所构成的整体称为集合（Set），通常用大写字母如 A、B、X 等表示。在数字图像处理的数学形态学运算中，往往把一幅图像或图像的一部分称为一个集合。

2. 元素

构成集合的每个事物称为元素（Element），常用小写字母如 a、b、c 等表示。例如图像中的一个像素点称为一个元素。

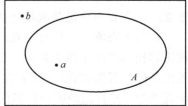

图 8.1　元素和集合的关系

如图 8.1 所示，对于集合 A，如果点 a 在集合 A 的区域以内，那么就说 a 是集合 A 的元素，记为 $a \in A$；b 不在集合 A 中，则说 b 不是集合 A 的元素，记为 $b \notin A$。

如图 8.2 所示，设有四个集合 A、B、C、D，对于集合 B 中的任一元素 b_i，都有 $b_i \in A$，则称集合 B 包含于集合 A，记为 $B \subset A$。对于集合 C，若存在这样一个点，它既是集合 C 的元素，又是集合 A 的元素，则称集合 C 与集合 A 相交，记作 $C \bigcap A$。对于集合 D 中的任一元素 d_i，都有 $d_i \notin A$，则称集合 D 与集合 A 不相交，记为 $D \bigcap A = \varnothing$。

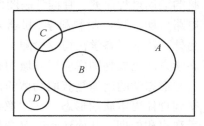

图 8.2　集合与集合间的关系

3. 补集

如图 8.3 所示，设有一集合 A，所有 A 区域以外的点构成的集合称为集合 A 的补集，记为 A^C（国标中形式为 C_A，但为后续内容方便表达，本书采用此形式，其他符号的情形同此，不再一一说明）。显然，如果 $B \bigcap A = \varnothing$，则 B 在集合 A 的补集内。

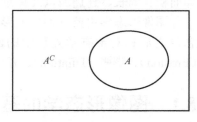

图 8.3　补集的概念

4. 结构元素

设有两个集合集合 A 和 B。若集合 A 是被处理的对象，而集合 B 是用来处理集合 A 的，则称集合 B 为结构元素（Structure Element，SE），又被形象地称为刷子或者"探针"。结构元素通常都是一些比较小的集合，如图 8.4 所示，其中每一个涂阴影的方块表示结构元素的一个成员。

在结构元素中需要指定一个点为原点，图 8.4 中各结构元素的原点由一个黑点标出。虽然一般情况下原点放在结构元素的质心处，但通常原点的选择是取决于具体问题的，原点可能在结构元素的内部，也可能在结构元素的外部。当结构元素对称且未显示原点时，则假定原点位于中心对

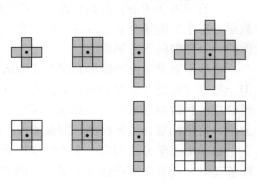

图 8.4　结构元素的例子

注：上一行是四种结构元素，下一行是结构元素和
集合重叠进行处理。

称处。

进行形态学图像处理时，结构元素在图像上的移动方式类似于空域卷积运算，只是以逻辑运算代替卷积的累加运算，逻辑运算的结果保存在新图像对应点的位置。形态学处理的效果取决于结构元素的大小、内容和逻辑运算的性质。

5．对称集

如图 8.5 所示，设有一集合 B，将集合 B 中所有元素的坐标取反，即令 (x, y) 变为 $(-x, -y)$，所有这些点构成的新的集合称为集合 B 的对称集，记作 $B^{\vee}$。

6．平移

设一集合 B 和一点 $a(x_0, y_0)$，将集合 B 平移 a 后的结果为，将集合 B 中所有元素的横坐标加 x_0，纵坐标加 y_0，即令 (x, y) 变为 $(x + x_0, y + y_0)$，所有这些点构成的新集合称为 B 的平移，记作 B_a。

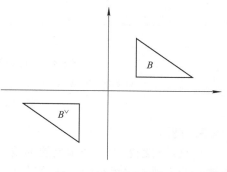

图 8.5　对称集的概念

8.1.2　二值图像中的基本概念

假设在二值图像中，目标像素点的值为 1，背景像素点的值为 0。为便于后续论述，在此对二值图像中的一些基本概念进行介绍。

1．四连通与八连通

如图 8.6 所示，标记为 0 的位置为当前像素点，其周围八个像素点分别标记为 1～8，这八个像素点称为当前像素点的八近邻，而其中标记为 1、3、5、7 的四个像素是当前像素点的四近邻。换句话说，标记为 0 的像素的四邻域是 1、3、5、7 四个像素点的集合，八邻域是 1～8 八个像素点的集合。

4	3	2
5	0	1
6	7	8

图 8.6　当前像素点及八近邻

如果当前像素点的值为 1，且其四近邻像素点中至少有一个点值为 1，即认为存在两点间的通路，称之为四连通。同样，如果其八近邻像素点中至少有一个点值为 1，称之为八连通。

在搜索边界轮廓时，如图 8.7 所示，四连通的路径与八连通的路径各不相同。换句话说，图 8.7c 中的两点之间的关系在八连通的意义下是连通的，而在四连通意义下是不连通的。

将像素值为 1 且相互连通在一起的像素点的集合称为一个连通域。如图 8.7b 所示，在四连通定义下是三个连通域，在八连通定义下则是一个连通域。

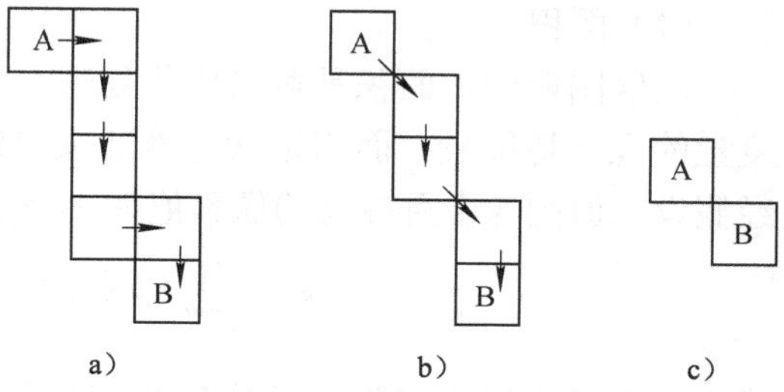

图 8.7　连通域示意图

a）四连通　b）、c）八连通

2．内部点与外部点

在每个连通域中，与背景相邻接的点称为外部点，与背景不相邻的点称为内部点。图 8.8 是在四连通与八连通定义下内部点与外部点的示意图。从图 8.8b 可以看到，在四连通定义下，内部点是"在当前点的八近邻像素点中，没有值为 0 的点"，而在八连通定义下（见图 8.8c），内部点是"在当前点的四近邻像素点中，没有值为 0 的点"。

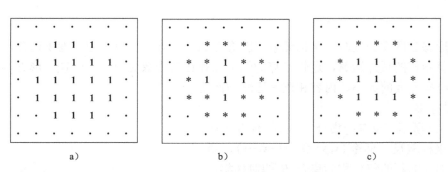

图 8.8　四连通与八连通下内部点与外部点的定义

a）原图　b）四连通定义下的内部点与外部点　c）八连通定义下的内部点与外部点

注："1" 为内部点，"*" 为外部点。

3．链码

链码是对线宽为一个像素的细线轨迹进行描述的编码，链码方法是对其坐标序列进行方向编码的方法。采用链码方法可以对细线的走向进行清晰的描述与分析。

图 8.9 给出了八个方向的编码定义，据此即可求出一条细线的链码。在计算细线的链码时，从选定的某个端点出发，按照逆时针方向搜索下一个细线上的点，并根据下一个点与这一个点相对应的方向位置，对这一点进行编码，依次编码，直到终点。

以图 8.10 为例，进行该细线的链码计算（为方便观察，图中未标注数值的像素点上的值为 0）。如果以实线框中的像素为起点，虚线框中的像素为终点，则可得到该线的链码为：1，0，7，6，5，5，5，6，0，0，0。

图 8.9　八个方向的编码定义

4．几何特征的测量

在图像检测技术中，许多场合下对所拍摄的图像进行二值化处理，然后对所分割出的目标区域进行几何特征的测量。下面介绍几个基本的几何特征量的计算方法。

（1）面积

二值图像中，面积是对二值化处理之后的连通域大小进行度量的几何特征量。面积定义为连通域中像素的总数。因为已经假设二值图像中目标物的像素值为 1，因此面积的计算公式为

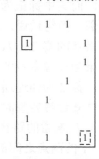

图 8.10　细线的链码计算

$$A_S = \sum_{(x,y) \in S} f(x,y) \qquad (8.1)$$

式中，S 表示某个需要进行度量的连通域；$f(x,y)$ 是像素值。例如，图 8.11 所示的连通域的面积为 $A_S = 3 + 5 + 5 + 5 + 3 = 21$。

（2）周长

周长是指包围某个连通域的边界轮廓线的长度。因为在轮廓线上有垂直、水平方向的移动，也有斜对角方向上的移动，如果只是简单地对轮廓线上像素值进行累计计算，则会获得错误的周长值，因此将这两类方向上的像素分类进行计算。周长

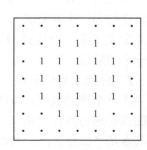

图 8.11　连通域面积的计算

的计算公式定义如下

$$L_S = N_e + \sqrt{2}N_o \qquad (8.2)$$

式中，N_e 是边界线上方向码为偶数的像素个数；N_o 是边界线上方向码为奇数的像素个数。例如，图 8.12 中连通域的周长为

$$L_S = (1+1+1+1+1+1+1+1) + \sqrt{2} \times (1+1+1+1) = 8 + 4\sqrt{2} = 13.66$$

（3）质心

质心本意为物体的质量中心。在二值图像中，采用质心的概念，可以对连通域的几何中心进行描述。假设二值图像的每个像素的"质量"是完全相同的，质心的计算公式定义如下：

$$x_m = \frac{1}{N_S} \sum_{(x,y)\in S} x, \quad y_m = \frac{1}{N_S} \sum_{(x,y)\in S} y \qquad (8.3)$$

式中，S 表示连通域；N_S 表示连通域中像素个数；x_m, y_m 是质心点的坐标。例如图 8.12 中，有

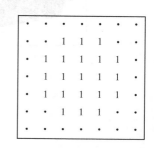

图 8.12　连通域周长的计算

$$x_m = \frac{1}{21} \times (3\times2 + 5\times3 + 5\times4 + 5\times5 + 3\times6) = 4 \qquad (8.4)$$

$$y_m = \frac{1}{21} \times (3\times2 + 5\times3 + 5\times4 + 5\times5 + 3\times6) = 4 \qquad (8.5)$$

式（8.4）和式（8.5）的结果取整处理，即该连通域的质心为 $(x_m, y_m) = (4,4)$。

8.2　形态学处理的四个典型问题

8.2.1　木匠活

木匠师傅在施工时，经常会遇到毛刺和缝隙问题。如图 8.13 所示，在图像处理过程当中也会遇到类似的问题，对于二值图像中物体内部的"缝隙"以及外部的"毛刺"，可采用形态学的方法进行处理。

8.2.2　豆子和苹果

如图 8.14 所示，存在面积大小不同的两种实心圆，将面积小的比作豆子，面积大的比作苹果。如何利用图像处理方法区分豆子和苹果，并自动计算出二者的数目，是形态学处理中的典型问题之一。

8.2.3　挖空目标区域

图 8.15a 中的黑色部分为目标区域。在图像处理过程中通常需要提取物体的边界轮廓，包括内部边界和外部轮廓，

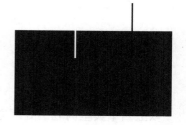

图 8.13　木匠活

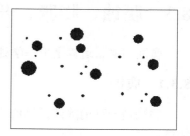

图 8.14　豆子和苹果

注：边框表示图像大小，实际不存在。

89

利用形态学的方法可以很方便地将目标区域挖空，得到图 8.15b 所示的结果。

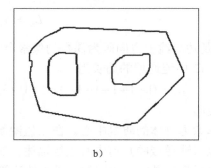

a）　　　　　　　　　　　　　　b）

图 8.15　挖空目标区域

a）处理前　b）处理后

注：边框表示图像大小，实际不存在。

8.2.4　目标外部轮廓跟踪

在某些条件下，不需要处理目标内部边界，只需要对目标的外部轮廓进行提取，得到图 8.16 所示的结果，此时同样可以利用形态学方法实现。

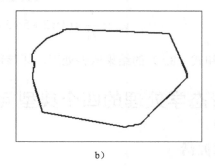

a）　　　　　　　　　　　　　　b）

图 8.16　目标外部轮廓跟踪

a）处理前　b）处理后

注：边框表示图像大小，实际不存在。

以上四个典型问题的处理方法和实现过程会在后续章节中逐一介绍。

8.3　腐蚀、膨胀、开运算和闭运算

腐蚀和膨胀运算是形态学处理的基础，其他许多形态学算法都是以这两种运算为基础的。

8.3.1　腐蚀

腐蚀是一种消除连通域的边界点使边界向内部收缩的过程，可以用来消除小且无意义的物体。

1. 腐蚀的定义

一般的，腐蚀的概念表达式为

$$E = X \otimes B = \left\{(x,y) \mid B_{xy} \subset X\right\} \tag{8.6}$$

式中，B 是任意的结构元素；X 是原始二值图像；E 是 B 对 X 腐蚀所产生的二值结果图像；(x,y) 是图像上像素点的坐标。也就是说，由 B 对 X 腐蚀所产生的二值图像 E 是满足以下条件的点 (x,y) 的集合：当 B 的原点平移到点 (x,y) 时，B 完全包含于 X 中。

由于 B 完全包含于 X 中等价于 B 和 X^C 的交集为空集，所以腐蚀的另一种定义形式为：把结构元素 B 平移 a 后得到 B_a，若 B_a 和 X^C 的交集为空集，记下这个 a 点坐标 (x,y)，所有满足上述条件的 a 点组成的集合称作 X 被 B 腐蚀的结果。因此，腐蚀的定义又可表达为

$$E(X) = X \otimes B = \left\{a \mid B_a \bigcap X^C = \varnothing\right\} \tag{8.7}$$

图 8.17 给出了一个图像腐蚀运算过程的示意图。图 8.17a 中 X 是被处理的对象，图 8.17b 中 B 是关于原点对称的结构元素。对于腐蚀结果中的任意一点 a，B_a 需要包含于 X，所以 X 被 B 腐蚀的结果就是图 8.17c 中的阴影部分。阴影部分在 X 的范围之内且比 X 小，就像 X 被剥掉了一层，这就是为什么该操作被称为腐蚀的原因。

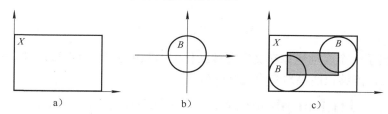

图 8.17　腐蚀运算过程示意图

图 8.18 演示了不对称结构元素对集合进行腐蚀运算的结果示意图。图 8.18b 中的结构元素 B 在 x 方向和 y 方向具有不同的大小，称为不对称的结构元素，用其对集合 X 进行腐蚀操作的结果如图 8.18c 所示。类似于图 8.17c 中的结果，X 也被剥掉了一层，但是由于 B 是非对称的，所以在某一个方向剥掉得多是显而易见的。

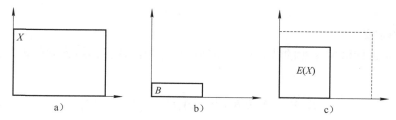

图 8.18　结构元素 B 不对称情况下的腐蚀运算结果

2. 腐蚀算法流程

设计一个结构元素，结构元素的原点定位在待处理的目标像素上，通过判断结构元素下面覆盖的是否全部是目标像素，来确定该目标像素点是否被腐蚀掉。其具体流程如下：

1）扫描原图，找到第一个目标点（此处假设目标点的像素值为 1）。

2）将预先设定好的结构元素的原点移到该目标点处。

3）判断该结构元素所覆盖范围内的像素值是否全部为 1；若是，则腐蚀结果图像中的相同位置上的像素值为 1；若不是，则腐蚀结果图像中的相同位置上的像素值为 0。

4）重复步骤2）和3），直到原图中所有像素值为1的像素处理完毕。

图8.19是腐蚀运算示例。图8.19a是被处理的图像集合 X（二值图像，黑点设为目标点，其灰度值设定为1），图8.19b是结构元素 B，其中原点已标出。原点即当前处理元素的位置，在介绍空域模板运算时也有过类似的概念。腐蚀的方法是将 B 的原点和 X 上的每一个点重叠，如果 B 上的所有黑点都在 X 的范围内，则保留该点，否则将该点去掉。图8.19c是腐蚀后的结果，可以看出，它仍在原来 X 的范围内，只是比 X 包含的点要少。

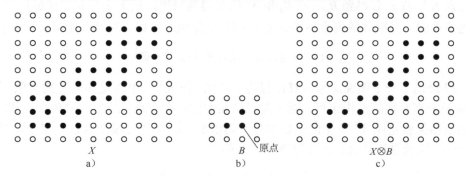

图8.19　腐蚀运算示例

图8.20给出了一个腐蚀运算在文字图像细化中的应用示例。图8.20a为原始图像，图8.20b是腐蚀后的结果，能够很明显地看出腐蚀的效果。

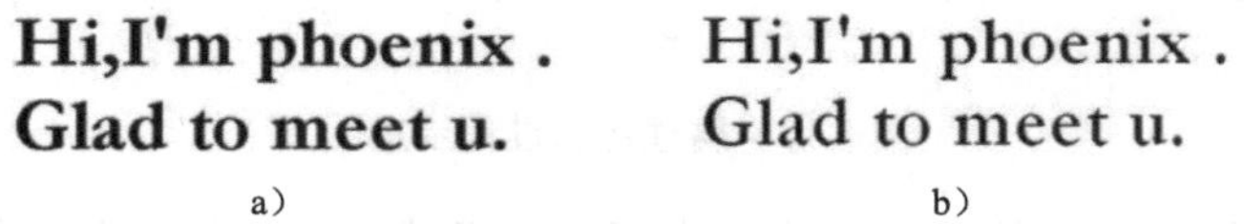

Hi,I'm phoenix .
Glad to meet u.

Hi,I'm phoenix .
Glad to meet u.

a)　　　　　　　　　　　　　　b)

图8.20　腐蚀运算在文字图像细化中的应用

a）原图　b）腐蚀后的结果

8.3.2　膨胀

1. 膨胀的定义

膨胀是将与目标区域接触的背景点合并到该目标中，使目标边界向外扩张的过程。膨胀的定义式如下：

$$D(X) = X \oplus B = \left\{ (x,y) \,|\, (B^{\vee})_{xy} \bigcap X \neq \varnothing \right\} \qquad (8.8)$$

式中，B 是结构元素；$B^{\vee}$ 是 B 的对称集；X 是原始二值图像；D 是 B 对 X 膨胀所产生的二值图像；x,y 是图像上像素点的坐标。

膨胀产生的二值图像 D 满足：如果把 $B^{\vee}$ 的原点平移到点 (x,y)，它与 X 的交集应该非空。根据式（8.8），结构元素 B 的对称集 $B^{\vee}$ 和 X 至少有一个元素是重叠的。因此，式（8.8）可以等价为

$$D(X) = X \oplus B = \left\{ a \,|\, [(B^{\vee})_a \bigcap X] \subset X \right\} \qquad (8.9)$$

式中，X 是被处理对象；B 是结构元素。

与腐蚀不同，膨胀会"增长"或"粗化"二值图像中的物体，这种特殊的增长和粗化的宽度由结构元素来控制。图 8.21 是膨胀运算的过程示意图。设结构元素 B 的宽度为 w，图 8.21c 中的实线表示膨胀操作的结果，粗化的宽度是 $w/2$，作为对比，其中的虚线显示了原集合 X 的大小。

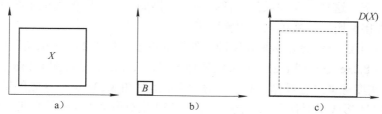

图 8.21 膨胀运算的过程示意图

2. 算法的实现步骤

设计一个结构元素，结构元素对称集的原点定位在背景像素上，判断结构元素是否覆盖有目标像素点，来确定该点是否被膨胀为目标点。其具体步骤如下：

1）扫描原图，找到第一个像素值为 0 的背景点（假设目标点的灰度值为 1）。

2）将预先设定好形状及原点位置的结构元素对称集的原点移到该点。

3）判断该结构元素所覆盖的像素中是否有值为 1 的目标点：如果有，则膨胀后图像中结构元素原点所在位置上的像素值为 1；如果没有，则膨胀后图像中结构元素原点所在位置上的像素值为 0。

4）重复步骤 2）和 3），直到原图中所有像素值为 0 的点被处理完成。

图 8.22 是图像膨胀运算的一个示例，左边是被处理的图像 X（二值图像，针对的是黑点，值为 1），中间是结构元素 B，右边是膨胀后的结果。

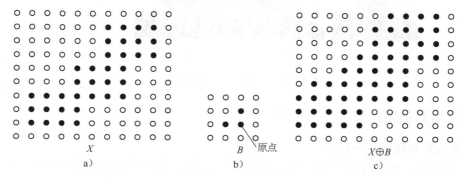

图 8.22 膨胀运算示例

8.3.3 腐蚀和膨胀的对偶关系

腐蚀和膨胀彼此关于集合求补运算和反色运算时是对偶的，即 X 被 B 腐蚀后的补集等于 X 的补集被 B^v 膨胀，可表示为

$$(X \oplus B^v)^C = (X^C \otimes B)$$ （8.10）

和

$$(X \otimes B^v)^C = (X^C \oplus B^v) \qquad (8.11)$$

式中，X 是待处理图像；B 是结构元素。可以通过一个简单的例子加深对这种对偶关系的理解：河岸的补集为河面，显然河岸的腐蚀等价于河面的膨胀。

在有些情况下，这种对偶关系是非常有用的，例如：某个图像处理系统用硬件实现了腐蚀运算，那么直接利用对偶就可以实现膨胀了。

图 8.23 给出了进一步验证膨胀和腐蚀对偶性的例子。图 8.23a 是原始图像，图 8.23b 是二值化结果，图 8.23e 是对图 8.23b 的反色处理结果，图 8.23c 是对图 8.23b 进行腐蚀的结果（这里是对黑色灰度像素进行操作，下同），图 8.23f 是对图 8.23e 进行膨胀的结果。可以看出，图 8.23c 和图 8.23f 形成了对偶关系。同理，图 8.23d 是对图 8.23b 进行膨胀的结果，图 8.23g 是对图 8.23e 进行腐蚀的结果，图 8.23d 和图 8.23g 也是对偶关系。

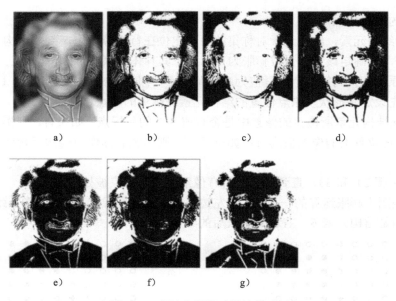

图 8.23　腐蚀和膨胀对偶性的示例

8.3.4　开运算和闭运算

1. 开运算和闭运算的定义

膨胀会扩大一幅图像的目标区域，而腐蚀则会缩小一幅图像中的目标区域。本节将讨论两个重要的形态学操作——开运算和闭运算，两者均由腐蚀和膨胀运算组合而成。

先腐蚀后膨胀称为开运算，即

$$X \circ B = (X \otimes B) \oplus B \qquad (8.12)$$

先膨胀后腐蚀称为闭运算，即

$$X \bullet B = (X \oplus B) \otimes B \qquad (8.13)$$

2. 开运算和闭运算的示例

图 8.24 是开运算过程示例。图 8.24a 是被处理的图像 X（二值图像，针对的是黑点），图

8.24b 是结构元素 B，图 8.24c 是腐蚀后的结果，图 8.24d 是在图 8.24c 的基础上膨胀的结果。可以看到，原图经过开运算后，一些孤立的小点被去掉了。一般来说，开运算能够去除孤立的小点、毛刺和小桥（即连通两块区域的小点），而目标整体的位置和形状不变。

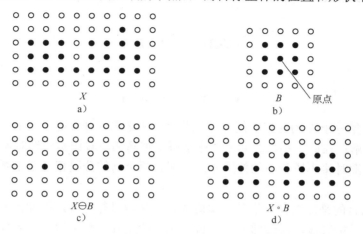

图 8.24　开运算过程示例

图 8.25 是闭运算过程示例。图 8.25a 是被处理的图像 X（二值图像，针对的是黑点），图 8.25b 是结构元素，图 8.25c 是膨胀后的结果，图 8.25d 是在图 8.25c 的基础上腐蚀得到的结果。原图像经闭运算后，断裂的地方被弥合了。一般来说，闭运算能够填平小孔、弥合小裂缝，而目标整体的位置和形状不变。

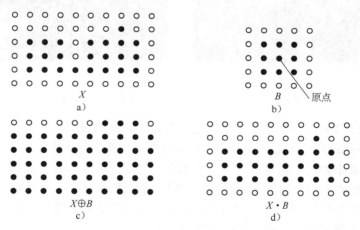

图 8.25　闭运算过程示例

总体来说，可以得到关于开运算和闭运算的几点结论：

1）开运算能够除去孤立的小点、毛刺和小桥，闭运算能够填平小孔、弥合小裂缝。开、闭运算结果中，目标整体的位置和形状不变。

2）开、闭运算是基于集合运算的滤波器，结构元素大小的不同将导致滤波效果的不同。

3）开运算一般会平滑物体的轮廓，断开较窄的狭颈并消除细的突出物；闭运算同样也会平滑物体的轮廓，但与开运算相反，它通常会弥合较窄的间断和细长的沟壑，消除小的空洞，填补轮廓线中的断裂。

4）不同结构元素的选择将导致不同的分割，即提取出不同的特征。

3．开、闭运算的对偶关系

如同膨胀和腐蚀的情形那样，开运算和闭运算彼此关于集合求补和反色也是对偶的，可表示为

$$(X \bullet B)^C = (X^C \circ B^\vee) \tag{8.14}$$

和

$$(X \circ B)^C = (X^C \bullet B^\vee) \tag{8.15}$$

即 X 开运算的补集等于 X 的补集的闭运算，或者 X 闭运算的补集等于 X 补集的开运算。这句话可以这样来理解：在两个小岛之间有一座小桥，把岛和桥看作是处理对象 X，则 X 的补集为大海，如果涨潮时将小桥和岛的外围淹没，那么两个岛的分隔相当于小桥两边海域的连通（对 X^C 做闭运算）。

图 8.26a 的目的是对面积大于某一阈值的白色区域进行计数，因此需要想办法删除那些面积很小的白色目标区域。通过前面的分析可知，应用开运算可以完成该任务，运算结果如图 8.26b 所示。这里要求结构元素的尺寸比最小的白色目标的尺寸要大。通过开运算，去除掉了面积最小的白色斑点，而其他白斑的尺寸保持不变。

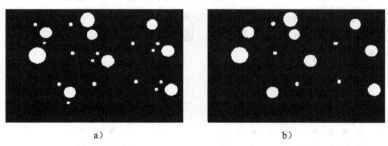

图 8.26　应用形态学开运算去除图像中的小目标

图 8.27 演示了如何利用形态学的开、闭运算去除图像中的毛刺和填补图像中的裂缝。图 8.27a 中包含一条裂缝和一段毛刺，假设它们的宽度均为两个像素宽。显然，为了去除毛刺，所用的结构元素最小为三个像素宽的行结构元素。通过一次腐蚀运算可以去除毛刺，但是会使裂缝变宽，因此再应用一次膨胀运算保证裂缝保持原来的宽度，其结果如图 8.27b 所示。为了填补裂缝，可以使用相同形状的结构元素先进行膨胀运算，再进行腐蚀运算，即进行一次闭运算，就能达到目的，其结果如图 8.27c 所示。

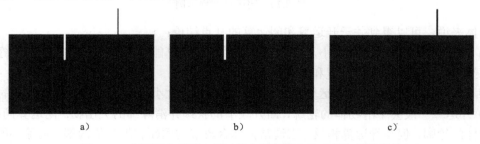

图 8.27　应用形态学开、闭运算去除图像中的毛刺和填补裂缝

8.4　形态学算法的应用——目标轮廓获取

本节介绍利用形态学算法获取目标轮廓，包括轮廓提取和轮廓跟踪。

8.4.1　轮廓提取

集合 A 的轮廓表示为 $\beta(A)$，它可以通过先由 B 对 A 腐蚀，而后用 A 减去腐蚀结果得到，即

$$\beta(A) = A - A \otimes B \tag{8.16}$$

式中，B 是一个适当的结构元素。

图 8.28 演示了利用图像减法和形态学方法提取鼠标轮廓。图 8.28a 是待提取鼠标轮廓的原始图片，图 8.28b 是一幅不包含鼠标的背景图像，因此可以先用图 8.28a 的图像减去图 8.28b 得到图 8.28c 所示的结果。然后进行二值化分割处理得到图 8.28d 所示的结果，应用孔洞填补算法进行处理后，得到图 8.28e 所示的结果，最后应用本节介绍的轮廓提取算法得到鼠标的轮廓边界结果，如图 8.28f 所示。

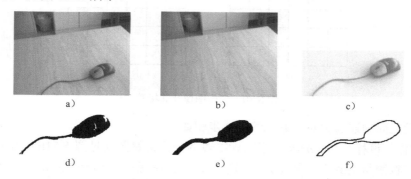

图 8.28　利用图像减法和形态学方法提取鼠标轮廓

8.4.2　轮廓跟踪

1. 前提条件

对于包含简单目标物体的二值图像，进行轮廓跟踪之前要求满足一定的条件：①不能有毛刺；②有一定的面积（不是一条线）。在此条件下，以八邻域为基础分析轮廓跟踪方法。

2. 探测准则

如图 8.29 所示，按从下到上、从左到右的顺序搜索，找到的第一个黑点一定是最左下方的边界点，记为 A。

3. 跟踪准则

从 A 点开始，定义初始的搜索方向为沿左上方，如果左上方的点是黑点，则为边界点；否则，搜索方向顺时针旋转 45°，一直到找到第一个黑点为止。然后，把这个黑点作为新的边界点，在当前搜索方向的基础上逆时针旋转 90°，继续用同样的方法搜索下一个黑点，直到返回最初的边界点为止。

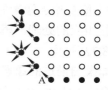

图 8.29　轮廓跟踪示意图

8.5 贴标签

经过图像分割之后，通常所获得的是二值图像。人们希望该二值图像中的两个值准确地代表"目标"及"背景"两个区域，但是在实际中往往所检测到的"目标"只是"候选目标"，为了保证不丢失目标，在图像分割时允许有若干个"假目标"出现。还有一种情况是，经过图像分割之后，所提取的是多个目标，这时就需要对所获得的二值图像进行处理，实现对目标的分析。

一般来说，因为不同的连通域代表了不同的目标，为了加以区别，需要对不同的连通域进行标识，即为同一连通域中的所有像素贴上相同的标签。图 8.30a 是一幅二值图像的一部分，其中灰色像素代表目标，白色像素代表背景。在八连通条件下，该图中有两个目标，如图 8.30b 所示，其中一个目标的标签为"1"，另一个目标的标签为"2"。

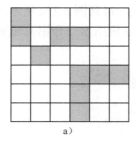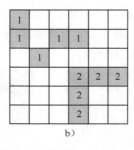

图 8.30 二值图像及其标签

根据像素之间的连通关系，贴标签算法步骤如下：

1）初始化。设标签号 Lab=0，已贴标签数 N=0，标签图（见图 8.31b）的大小与原图像的大小相同。按照从上到下、从左到右的顺序在二值图像中寻找未贴标签的目标点，例如图 8.31a 中圆圈中的左上角的目标像素。

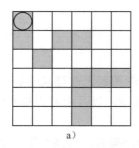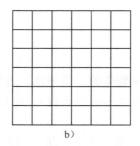

图 8.31 二值图像和对应的标签矩阵

2）检查相邻像素的状态。根据模板中的相邻像素的状态进行相应的处理。模板是指当前像素的八邻域像素点，如图 8.32 所示。

如果扫描过的像素的标签均为 0，如图 8.33a 中圆圈内"1"的位置(i,j)，在标签矩阵 g 中，它所有的邻域像素均没有标签，或者说标签为 0，因此令 $Lab = Lab+1$，$N=N+1$，

图 8.32 当前像素的邻域关系

$g(i, j) = Lab$，如图 8.33b 所示。

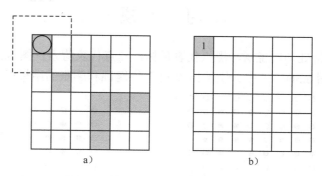

图 8.33　扫描过的像素的标签均为 0

如果扫描过的像素标签号相同，则 $g(i, j)=Lab$，如图 8.34 所示，当像素的某邻域像素已经被标记时，当前像素的标签设置成与其相同的标签值。由于当前像素(i, j)的邻域像素$(i-1, j)$已经被标记为"1"，因此当前像素(i, j)的标签也为"1"。

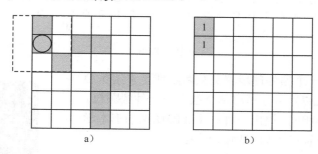

图 8.34　扫描过的像素标签号相同

如果扫描过的像素标签号不相同，如图 8.35b 所示，它们在某一像素的邻域相交。假设初始情况下，椭圆中的像素具有标签值"1"，矩形中的像素具有标签值"2"。当考察图 8.35a 中圆圈中的像素时，发现它的邻域像素具有不同的标签值。此时，将标签值大的像素的标签改成"1"，并把所有它连通域中像素的标签一并改成"1"，令 $N = N-1$。

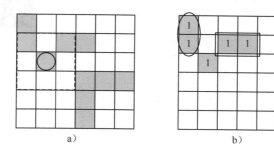

图 8.35　扫描过的像素标签号不相同

3）将全部的像素进行步骤 2）的处理，直到所有的像素全部处理完成。

4）判断最终的 Lab 是否满足 $Lab = N$，如果是，则贴标签处理完成；否则表明已贴标签存在不连号情况。这时，进行一次编码整理，消除不连续编号的情况。

习 题

1. 图 8.36a 是待处理图像 X，黑点代表目标，白点代表背景；图 8.36b 是结构元素 B，原点在中心。试在图 8.36c、d 中分别给出 B 对 X 做腐蚀和膨胀的结果。

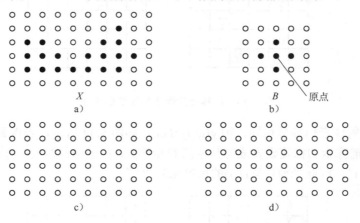

图 8.36

2. 显微应用中一个预处理步骤是从两组或更多组重叠的类似颗粒（见图 8.37）中分离出单个独立的一种圆颗粒。假设所有颗粒的大小相同，提出一种产生 3 幅图像的形态学算法，这 3 幅图像分别仅由如下物体组成：

（1）仅与图像边界融合在一起的颗粒。

（2）仅彼此重叠的颗粒。

（3）没有重叠的颗粒。

3. 在进行形态学处理时，结构元素的选取应考虑哪些原则？

4. 基于数学形态学的数字图像处理有什么特点？

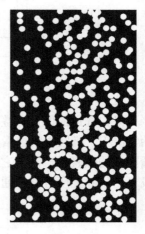

图 8.37

第9章 图像压缩

9.1 图像压缩的基本概念

9.1.1 图像压缩的背景

随着社会经济的发展和科学技术的不断进步，信息传输的方式发生了很大的变化。一是通信方式的转变。传统的以文字、语音为媒介的通信方式已无法满足时代的要求，人们传递信息的媒介渐渐转变为视频、图片为主，文字、语音为辅，信息量越来越庞大。二是通信对象的转变。通信已不仅仅局限于人与人之间，更多地体现在人与机器、机器与机器之间。信息传输方式的变化对图像传输带宽、速度、存储器容量提出了更高的要求，但受硬件物理极限的限制，硬件设备往往无法满足大数据量的传输和储存。

例如，考虑一路 1080p/25Hz 的高清视频（HDTV）传输，在不压缩的情况下，其每秒传输数据量为 1920×1080×3×25×8bit，约为 148MB。一张 4.7GB 容量的 DVD 光盘只能存储不到 40s 的视频数据。实际上，HDTV 传输要求压缩至 3MB/s 左右，即原始信号的 1/50 左右。

因此，图像数据压缩对现代化社会的发展起着不可忽视的作用。图像压缩就是在可接受的还原状况下用尽可能少的数据量来表示源信号，即把需要存储或传输的图像数据的数据量尽量减少。随着计算机技术的发展与普及，图像数据压缩技术越来越显示出它在社会发展中的重要地位。它是传真、电子邮件、个人通信系统、静态图像档案、电视会议、视频（包括 HDTV）和电影拷贝的数字化存储等技术的关键，在航空侦察遥感、资源勘探及生物医学工程等领域起着非常重要的作用。

9.1.2 图像冗余

对于需要传输和存储的信息，若减少数据量时无关键信息丢失，则减少的即为多余的数据，称其为数据冗余。例如信息"你的朋友张三将于明天晚上 9 点在天津滨海国际机场接你"，去除冗余后为"张三明晚 9 点在滨海机场接你"，只要接收信息的一方不产生误解，就可以减少承载信息的数据量。

数据冗余并不抽象，可由数学式定量描述。若 n_1 和 n_2 分别是压缩前数据集和压缩后数据集的单位信息量，且数据集总信息量相同。压缩比 C_R 以及相对数据冗余 R_D 可由下式得出：

$$C_R = n_1/n_2 \tag{9.1}$$

$$R_D = 1 - 1/C_R \tag{9.2}$$

由于图像数据之间具有相关性，且人的视觉并非对所有图像信息敏感，自然图像有很大的冗余性，图像压缩通过去除图像的冗余实现数据量的减少。图像数据中主要存在以下三种冗余：编码冗余、像素冗余和视觉冗余。

（1）编码冗余

编码即为包括字符、数字、位或类似符号的符号系统，用于表示信息的集合。每个信息都被赋予一个编码符号序列，称为码字。码字中符号数是码字的长度。对于 256 级灰度图像，其编码为 0~255，码字为某进制表示的灰度值，对于二进制来说其码字长度为 8。编码冗余即使用了多于实际需要的编码符号，改变图像信息的描述方法即可压缩图像信息。例如，对于只有黑白两种灰度构成的图像，若用 8 位二进制数据表示，则存在编码冗余，因为只存在两种灰度时，用一位数据即可表示。

（2）像素冗余

像素冗余是一种与像素间相关性有直接联系的图像数据冗余。对于一张静态图像，单个像素的灰度值理论上可借助其相邻像素的灰度值以及二者的灰度差进行推断得到。例如，原图像数据为 234、223、231、238、235，去除像素冗余后，数据序列为 234、-11、8、7、-3。

（3）视觉冗余

眼睛并不是对所有视觉信息有相同的敏感度。有些信息在通常的视觉过程中与另外一些信息相比来说不那么重要，这些信息可认为是心理视觉冗余的，去除这些信息并不会明显地降低所感受到的图像质量。由于每个人所具有的先验知识不同，对同一幅图像的心理视觉冗余也因人而异。心理视觉冗余用于图像压缩会导致有损压缩。

由以上可知，数据压缩的思路为：改变图像信息的描述方式，以压缩图像中的数据冗余；忽略视觉上的微小差异，以压缩图像中的视觉冗余。

9.1.3 熵

熵表示系统的混乱程度，在图像处理领域中，图像的信息熵表示为图像中所含的无冗余信息量。一条二进制信息，符号数为 n，其中某符号 F_n 的出现概率为 P_n，该符号的熵 E_n 表示该符号所需的位数，整条信息的熵为 E，其表达式为

$$E_n = -\log_2 P_n \tag{9.3}$$

$$E = \sum E_n \tag{9.4}$$

例如，字符串 aabbaccbaa 使用常用的 ASCII 码进行编码需 80bit，其中字符 a、b、c 分别出现 5 次、3 次、2 次，即在信息中出现概率分别为 0.5、0.3、0.2，其熵为 $E_a = -\log_2 0.5 = 1$，$E_b = -\log_2 0.3 = 1.74$，$E_c = -\log_2 0.2 = 2.32$。即事件发生的概率越大，其信息量越小，熵值也就越小。整条信息的熵（即表达整个字符串需要的位数）为 $E = E_a \times 5 + E_b \times 3 + E_c \times 2 = 14.86$。因此，图像信息的压缩准则为用较少的位数表示较多次出现的符号。

9.1.4 质量评价标准

对图像采用某种方式进行压缩，可能会导致图像中信息的丢失，为了评估信息的损失程度，可以采用方均根误差（Root-Mean-Square Error，RMSE）、方均信噪比（Signal to Noise Ratio，SNR）和峰值信噪比（PSNR）等评价因子进行衡量。

方均根误差亦称为标准误差，即图像中每点与估计值差值的二次方均根值，表示为 σ_e，方均根值越小保真度越高，如下式所示：

$$\sigma_e^2 = \frac{1}{mn} \sum_{i=1}^{m} \sum_{j=1}^{n} \left(R_{ij} - I_{ij} \right)^2 \tag{9.5}$$

式中，R_{ij} 是图像估计值；I_{ij} 是图像真实值；m、n 分别是图像的宽、高。

方均信噪比中增加了参数 σ_s^2，即图像中每点灰度值的二次方取均值，如下式所示：

$$\sigma_s^2 = \frac{1}{mn}\sum_{i=1}^{m}\sum_{j=1}^{n}I_{ij}^2 \tag{9.6}$$

$$SNR = 10\lg\frac{\sigma_s^2}{\sigma_e^2} \tag{9.7}$$

峰值信噪比的单位为 dB，其值越大，图像失真越小，如下式所示：

$$PSNR = 10\lg\frac{(L-1)^2}{\sigma_e^2} = 20\lg\frac{L-1}{\sigma_e} \tag{9.8}$$

式中，$L-1$ 是图像中的灰度级最大值。

9.2 常用的图像压缩方法

图像压缩技术可以追溯到 1948 年的电视信号数字化，距今已有 70 多年的历史。1980 年之前，图像压缩主要依靠信源编码的方法。到了 20 世纪 80 年代后期，由于结合分型、模型基、小波变换、人工神经网络、视觉仿真等理论的出现，图像压缩技术得到了前所未有的发展。图像压缩方法的分类多种多样，根据压缩的本质区别，将图像压缩方法广义上分成两类，即无损压缩和有损压缩。

（1）无损压缩

无损压缩也叫无失真压缩，它的目标是在图像没有任何失真的前提下使数码率最小，它可准确地恢复出原图像。无损压缩的极限就是上节所述的图像信息熵。无损压缩的一个重要的应用就是计算机文件的压缩，如某些图像和所有可执行文件，压缩后的形式经过还原之后，应和原始文件完全相同，不允许进行任何修改，在这些情况下，只能对它们进行无损压缩。统计编码和无损预测编码属于无损压缩。

（2）有损压缩

有损压缩也叫有失真压缩，它的目标是在一给定数码率下，使图像获得最逼真的效果；或者是为了达到一个给定的逼真度，使数码率达到最小。有损压缩只能对图像进行近似的重构，而不是准确的复原。有损压缩的算法可以达到很高的压缩比，对于多数图像来说，为了得到更高的压缩比，保真度的轻微损失是可以令人接受的折中方法。有损的预测编码和变换编码属于有损压缩。

图 9.1 是图像压缩方法的简单分类。下面几节将简要介绍几种常用的图像压缩编码方法。

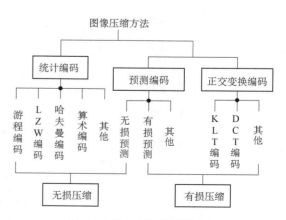

图 9.1 基本的图像压缩方法

9.2.1　游程编码

游程编码（RLC）又称为行程编码，是一种比较简单的编码技术，是传真编码中的一种标准压缩方法。图像（尤其是灰度级较少的图像）经常包含一些区域，这些区域是由具有相同灰度或颜色的相邻像素组成的。故可以定义沿特定方向上具有同样灰度值的相邻像素序列为一组，其延续的长度称为行程。若沿水平扫描线上的 m 个像素具有相同的灰度值 n，则只要两个数 n 和 m 就可以代替 m 个像素，而不必将同样的灰度值重复多次。例如，信息"aaaa bbb cc d eeeee ffffff"中，若一个字母代表一个 8bit 像素，则存储该信息需 22×8bit=176bit，而利用游程编码进行压缩后为"4a3b2c1d5e7f"，压缩后只需 96bit。

这种编码方式对有单一颜色背景下物体的图像可以达到很高的压缩比（如二值图像），但对其他类型的图像压缩比就很低。在最极端的情况下，如每一个像素都与它周围的像素不同，游程编码实际上并不能实现压缩，反而会将文件的大小加倍。

9.2.2　哈夫曼编码

哈夫曼编码是消除编码冗余的最常用技术，又称为熵编码，是无损编码中数据量最小的整数编码方式。它是哈夫曼于 1952 年提出的一种利用二叉树建立的代码长度不均匀的编码方法。它的基本原理是按信源符号出现的概率大小进行排序，出现概率大的符号分配短码，反之则分配长码。在分配码字时，需建立一株二叉树。例如，假定要对信息"aaaa bbb cc d eeeee ffffff"进行哈夫曼编码。根据哈夫曼编码基本原理可将"a""b""c""d""e""f"根据出现的频率进行排序，由大到小依次为"f""e""a""b""c""d"，则将其编码为"f=01""e=11""a=10""b=001""c=0001""d=0000"。编码前数据量为 22×8bit=176bit，编码后数据量为 7×2bit+5×2bit+4×2bit+3×3bit+2×4bit+1×4bit=53bit，压缩比约为 3.32。

对于图像来说，哈夫曼编码的具体算法可分为三步：

1）求图像直方图，按照概率从小到大排列。

2）构造二叉树"哈夫曼树"。将所有的符号当成树的叶子节点，每次选择两个概率最小的节点相加，形成新节点，对新节点和剩余的叶子节点再重复这一过程，直到所有符号可用一单个节点表示为止，如图 9.2 所示。

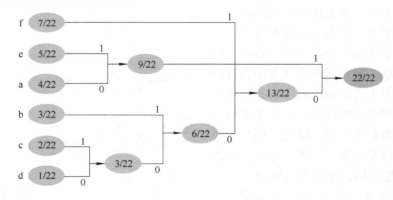

图 9.2　哈夫曼树

3）根据二叉树进行编码，得到哈夫曼编码码字。根据哈夫曼树为每个符号产生一个二进制值，在赋值时把下分支用数字 0 代替，上分支用数字 1 代替，按由右到左的顺序对每个符号节点赋值得到码字。在哈夫曼编码中，没有一个码字是另一码字的前缀。

9.2.3 DCT 编码

正交变换编码相当于在频域进行信息的压缩处理。其基本原理是通过正交函数把图像从空间域转换为能量比较集中的变换域，然后对变换系数进行量化和编码，从而达到缩减数码率的目的。对于大多数自然界图像变换得到的变换域系数，值较小的系数可以较粗地量化甚至完全忽略而只产生很小的失真。虽然失真很小，信息仍有损失，因此正交变换编码是有损压缩编码。

离散余弦变换（DCT）编码作为正交变换编码的一种方法被广泛应用，并成为许多图像编码标准的核心。如图 9.3 所示，DCT 编码的压缩过程为：进行 DCT 处理［见式（9.9）］、量化、取整得到压缩图像。由于视觉具有不敏感特性，在压缩的过程中，可在不产生信息误解的前提下有选择地丢弃或减少部分信息。解压缩是压缩的逆过程，将压缩图像乘以量化系数、进行 DCT 逆变换［IDCT，见式（9.10）］、取整得到解压图像。但由于量化取整的操作存在不可逆性，因此在解压缩时无相应的组成信息，造成信息的损失。

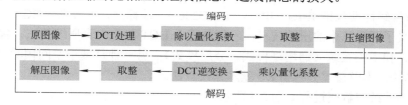

图 9.3 DCT 编码的原理框图

DCT 及其逆变换的表达式分别为

$$F_c(u,v) = \frac{2}{\sqrt{MN}} c(u)c(v) \sum_{x=0}^{M-1}\sum_{y=0}^{N-1} f(x,y)\cos\left[\frac{\pi}{2N}(2x+1)u\right]\cos\left[\frac{\pi}{2M}(2y+1)v\right] \tag{9.9}$$

$$f(x,y) = \frac{2}{\sqrt{MN}} c(u)c(v) \sum_{x=0}^{M-1}\sum_{y=0}^{N-1} F_c(u,v)\cos\left[\frac{\pi}{2N}(2x+1)u\right]\cos\left(\frac{\pi}{2M}(2y+1)v\right) \tag{9.10}$$

式中，$c(u) = \begin{cases} \dfrac{1}{\sqrt{2}} & u=0 \\ 1 & u=1,2,\cdots,N-1 \end{cases}$；

$c(v) = \begin{cases} \dfrac{1}{\sqrt{2}} & v=0 \\ 1 & v=1,2,\cdots,M-1 \end{cases}$。

如图 9.4 所示，图像矩阵 F 进行哈夫曼编码后码字长度为 42bit，进行 DCT 处理后为 G，除以量化系数 C，得到压缩结果 D，其哈夫曼编码后码字长度为 16bit。

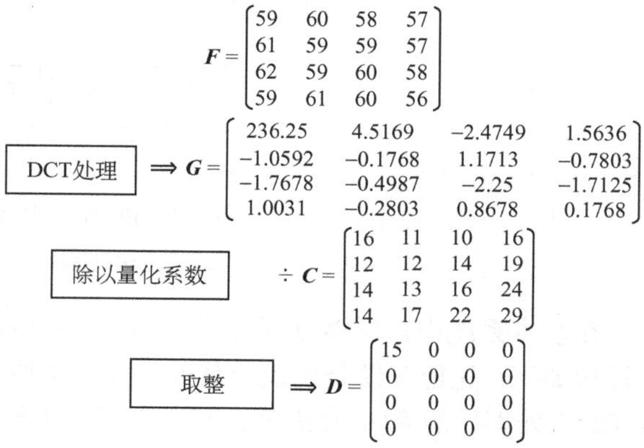

$$F = \begin{bmatrix} 59 & 60 & 58 & 57 \\ 61 & 59 & 59 & 57 \\ 62 & 59 & 60 & 58 \\ 59 & 61 & 60 & 56 \end{bmatrix}$$

DCT处理 $\Rightarrow G = \begin{bmatrix} 236.25 & 4.5169 & -2.4749 & 1.5636 \\ -1.0592 & -0.1768 & 1.1713 & -0.7803 \\ -1.7678 & -0.4987 & -2.25 & -1.7125 \\ 1.0031 & -0.2803 & 0.8678 & 0.1768 \end{bmatrix}$

除以量化系数 $\div C = \begin{bmatrix} 16 & 11 & 10 & 16 \\ 12 & 12 & 14 & 19 \\ 14 & 13 & 16 & 24 \\ 14 & 17 & 22 & 29 \end{bmatrix}$

取整 $\Rightarrow D = \begin{bmatrix} 15 & 0 & 0 & 0 \\ 0 & 0 & 0 & 0 \\ 0 & 0 & 0 & 0 \\ 0 & 0 & 0 & 0 \end{bmatrix}$

图 9.4 DCT 编码示例

9.3 图像压缩国际标准简介

随着数字技术的进步以及计算机网络、通信和大众传播技术的不断结合，信息流以空前的速度在传播。为了使用户能自由地接收不同的声音、图像信息，并将自己的信息通过这些媒体向外传输，需要有统一的标准。如果没有统一的标准，则全球范围的信息传输与交换就难以实现。国际标准化组织（International Standardization Organization，ISO）、国际电信联盟（International Telecommunication Union，ITU）［前身是国际电话电报咨询委员会（Consultative Committee of the International Telephone and Telegraph，CCITT）］及国际电工技术委员会（International Electrotechnical Commission，IEC）等国际组织为使全世界不同国家、不同用户之间信息的传输与交换相互协调，确保其兼容性，制定了一系列标准。

到目前为止，由上述 3 个组织制定的有关图像编码的国际标准已覆盖了从二值到灰度（彩色）值的图像、从静止图像到运动视频。下面对静止图像压缩标准、视频压缩标准进行简述。

9.3.1 静止图像压缩标准

静止图像压缩标准包括 JBIG、JPEG、JPEG2000 压缩标准，本节以 JPEG 为例进行介绍。

JPEG 定义了两种基本的压缩技术，一种是基于 DCT 的有失真压缩算法，包括基本系统（顺序型模式）和增强系统（递增型模式、分层模式）；另一种是基于空间预测（DPCM）的无失真压缩算法。本节着重分析 JPEG 基本系统算法。

JPEG 基本系统编解码过程如图 9.5 所示。

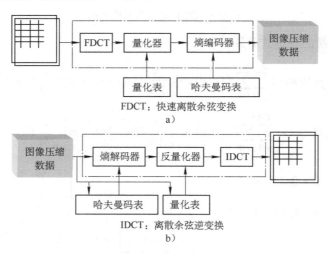

图 9.5 JPEG 基本系统编解码过程

a）编码过程 b）解码过程

在基本系统中，压缩过程由顺序的 3 个步骤组成：①DCT 计算；②量化；③熵编码。具体过程如下：先把图像分解成一系列 8×8 的子块，对每个子块进行二维的 DCT 处理。经过二维 DCT 处理后的 $F(u,v)$ 矩阵，其非零元素主要集中于某一个区域，通常在左上角，而右下角大部分是零。利用这一特点就可以实现图像数据压缩。在实际传输时，仅仅传送代表低频分量的左上角，对其进行量化编码，其余均去掉（反变换时，把去掉点填零来处理），这样就可以达到图像压缩的目的。系数量化是一个十分重要的过程，它是造成 DCT 编解码信息损失（或失真）的根源。在 JPEG 中采用均匀量化器，以量化表的形式给出。JPEG 对直流（DC）系数采用了 DPCM 编码或差分编码。JPEG 对其余的交流（AC）系数采用游程编码。为了将二维频域矩阵中的系数排列成一维向量的形式，同时要保证低频图像分量在一维排列中首先出现，采用之字形（Zig-zag）扫描方式，如图 9.6 所示。

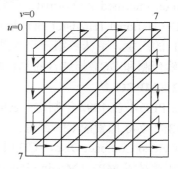

图 9.6　之字形扫描方式示意图

　　图像的解码过程是编码的逆过程，在此不做具体分析。图 9.7 是一幅标准图像经过不同压缩比得到的 JPEG 压缩图像。从图中可看出，当压缩至 11.5KB 时图像的失真较为严重，压缩至 25.7KB 时基本上看不出失真了。

图 9.7　JPEG 压缩示例

a）原图像 256KB　b）JPEG 压缩至 11.5KB　c）JPEG 压缩至 14KB　d）JPEG 压缩至 25.7KB

9.3.2　运动图像压缩标准

　　运动的灰度图像或彩色图像压缩的国际标准主要有 H.261、H.263、H.264、MPEG-1、MPEG-2、MPEG-4 和 HEVC 等。这几个标准各有自己的应用范围和工作特点，下面将按视频编码技术发展历史，依次简要介绍这几种标准。

1. H.261

H.261 由 ITU-T 组织制定，只能对 CIF（Common Intermediate Format）和 QCIF（Quarter Common Intermediate Format）两种图像格式进行处理，兼容 PAL（Phase Alteration Line）和 NTSC（National Television Standards Committee）两种电视制式，主要面向可视电话等应用。H.261 的产生，意味着第一个视频编码标准的出现，并得到了专家的统一认可。它采用了运动补偿预测和 DCT 相结合的混合编码框架。

2. MPEG-1

MPEG-1 在 1992 年制定，它能对 CIF 图像进行编解码。MPEG-1 既支持 NSTC 制式分辨率为 352×240 像素的 CIF 图像，也支持 PAL 制式分辨率为 352×288 像素的 CIF 图像。在视频光盘（Video Compact Disc，VCD）中普遍采用这种编码标准，99%的 VCD 压缩格式为 MPEG-1。音频压缩技术 MP3（Moving Picture Experts Group Audio Layer III）为 MPEG-1 的一部分，是 MPEG-1 Layer3 的简称。MPEG-1 压缩速度快，实时性好，缺点是压缩率不够大，并且支持的最大图像分辨率为 352×288 像素，清晰度不够。

3. MPEG-2

MPEG-2 标准发布于 1994 年，是对 MPEG-1 标准的扩展与改进，解决了 MPEG-1 标准在视频分辨率、传输速率上的限制。MPEG-2 支持的图像分辨率有 352×288 像素、720×576 像素、1440×1152 像素、1920×1152 像素。MPEG-2 所能提供的传输速率在 3～10Mbit/s 之间，能够提供广播级的视像和 CD 级的音质。

4. H.263

H.263 仍采用了基于 DCT 和运动补偿的混合视频编码框架，是对 H.261 技术的改进，主要用于视频会议和视频电话。H.263 支持 Sub-QCIF、QCIF、CIF、4CIF、16CIF 等图像格式。在帧间预测中，H.263 采用了半像素的运动补偿技术，预测残差更小。在对残差数据的编码上，H.263 使用了算术编码来代替游程编码。与 H.261 相比，H.263 支持更大范围的图像格式，提高了压缩效率和网络传输的适应性。

5. MPEG-4

MPEG-4 第一版制定于 1988 年，是一种音频和视频压缩编码标准。MPEG-4 继承了 MPEG-1 和 MPEG-2 编码技术中的优点，同时采用了许多新的技术。MPEG-4 广泛应用于视频电话、电视广播、光盘以及网络（流媒体）。

6. H.264

H.264（也称为 H.264/AVC）技术等同于 MPEG-4 的第十部分，是所有视频压缩技术中使用最广泛、最流行的编码标准。H.264 通过帧内和帧间预测来消除数据在空间和时间上的冗余。它支持的最大分辨率为 4096×2304 像素。在不增加算法复杂度的情况下，H.264 能以更低的比特率和更高的压缩质量实现对视频的编码。

7. HEVC

高效率视频编码（HEVC）又叫 H.265，等同于 MPEG-H 的第二部分，是目前最先进的视频编码标准。与 H.264 编码标准类似，HEVC 采用了混合视频编解码结构，结合帧内编码、帧间编码、变换、量化以及熵编码等技术，来消除数据在空间和时间上的冗余。但 HEVC 在每个模块中都引入了新的技术。与 H.264 相比，在相同视频质量下，HEVC 有更高的数据压缩比，但同时算法复杂度更高。

9.4　压缩感知

目前通用的成像模式流程图如图 9.8 所示。首先，通过光学成像系统将成像范围内的光场信息传送到光电传感器件（CMOS/CCD），光电传感器记录光场信息并转换为电信号输出。然后，这些原始的二维电信号可能被保存为 RAW 格式（数字底片）以供后期处理，也可能被压缩转换为其他图像格式（如 JPEG 格式）保存。在图像压缩转换过程中，会有大量原始信息被丢弃。如果能在成像的光电转换阶段就丢弃这些信息，每次成像就可以只进行少量光电转换，芯片耗能将下降两到三个数量级。

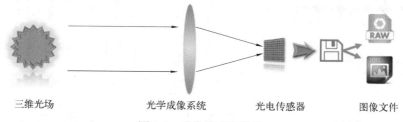

三维光场　　　　　　　　光学成像系统　　　　　光电传感器　　　　　图像文件

图 9.8　成像模式流程图

为了实现上述目的，首先要了解照相机的成像原理。照相机中的光电转换器件是 CMOS/CCD 二维阵列，其中每个阵元就是一个采样点，各个阵元按照矩形网格均匀排布。这种采样方式是奈奎斯特采样定理的直观展示：用均匀的采样值来表示光场信号。根据奈奎斯特采样定理，任何信号都可以从一系列均匀采样值中准确还原，条件是这些均匀采样值的采样频率是目标信号中所含成分最高频率的 2 倍。但随着大像素（千万像素以上）器件的出现，按照奈奎斯特采样定理采样产生的数据量非常巨大，对数据的传输带宽、存储空间、处理能力等都造成了极大压力，甚至成为信息技术发展的瓶颈之一。

在这样的背景下，在 2004 年出现了压缩感知（Compressed/Compressive Sensing，CS）技术，其基本理念是：如果一个信号是稀疏的，那么只需要对其进行少量的线性、非自适应测量，就足以准确还原该信号。其中，稀疏是指信号本身大部分为零，或者可以通过某种变换使得其系数大部分为零；非自适应则是指测量模式不必"因信号而异"，不同的信号可以使用同样的测量模式；少量的测量值意味着测量值的尺寸小于信号的尺寸。根据压缩感知理论，使用数量小于奈奎斯特采样定理所规定的精确还原信号所需的测量值，即可以精确获取（感知）稀疏的信号。

9.4.1　压缩感知的原理

压缩感知为什么能够不受奈奎斯特采样定理的限制呢？下面通过"最大 k 项近似 vs. 奈奎斯特采样定理"实验来说明该问题。

如图 9.9 所示，假设稀疏信号 x 经过傅里叶变换，可以分解为 N 个傅里叶基函数的线性组合，分别依据奈奎斯特采样定理和"最大 k 项近似"对该信号进行采样，使采样结果的二范数误差小于 ε，并比较采样值数量的大小。

1. 最大 k 项近似

几乎所有的自然图像都可以通过 DCT 或者小波变换等分解为用稀疏系数表达的形式。此时，通常只需要保留一小部分（如 k 项）最大的稀疏系数，就能用这些少量的稀疏系数经过逆变换得到原图像的近似。该近似图像与原图像的误差与保留的稀疏系数的数量呈反相关，所以也将基于"最大 k 项近似"的采样方式称为稀疏采样。JPEG 格式就是利用这种原理对图像进行压缩的，很明显这种压缩是有损压缩。

2．两种采样值数量对比

基于上述"最大 k 项近似"法，可以从已经分解完毕的傅里叶基函数的系数中选取最大的 k 个系数，因为 DCT 是离散傅里叶变换中的实部，而且经验也表明一定可以找到满足误差小于 ε 的 k 个系数。于是，稀疏抽样的采样值数量 q 为 k。

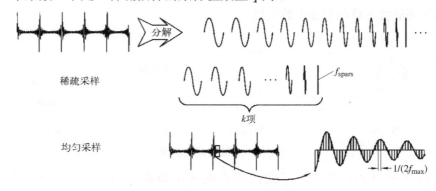

图 9.9 "最大 k 项近似 vs 奈奎斯特采样定理"实验

接下来考虑奈奎斯特采样定理的采样方式，由于奈奎斯特采样定理规定的采样点在空间（或时间）维度均匀分布，所以该方法也可称为均匀采样。由于信号 x 是稀疏的，上述稀疏采样法中提取出的 k 个傅里叶系数应该远大于剩余的傅里叶系数，因此奈奎斯特采样定理中的带宽（最大频率）f_{max} 应该不小于这 k 个傅里叶系数所对应的傅里叶基函数的最大频率 f_{spars}。那么根据奈奎斯特采样定理对稀疏信号 x 进行均匀采样的空间（或时间）周期就不得大于 $f_{max}/2(=f_{spars}/2)$，否则，均匀采样的采样误差就会大于 ε，不满足要求。

奈奎斯特采样定理决定了其最少采样点的数量 p 与信号的空间（或时间）长度成正比，也与 $2f_{max}$ 成正比，当信号的空间（或时间）长度一定时，均匀采样的最少采样点数量 p 就与 $2f_{max}$ 成正比。根据上述分析，有 $f_{max} \geqslant f_{spars}$。由于高频信息在图像中往往代表着关键特征，所以为了确保低失真度，高频成分必然在 k 项之内，因此在实际情况中，f_{spars} 通常比 k 高若干数量级，那就意味着 p 比 q 高若干数量级。因此对于稀疏信号，稀疏采样方式在采样数量方面的优势远远超过了均匀采样。

通过上述介绍可以看出，压缩感知的核心是稀疏性，如果存在一种信号没有稀疏性，如理想的白噪声，那么压缩感知技术就无法用于该信号的获取和处理。

9.4.2 压缩感知的应用实例

压缩感知技术为诸多信号处理应用带来了新的契机，由此产生了很多不同于以往的应用方案，下面简要介绍其中两种。

1．单像素照相机

单像素照相机是美国莱斯大学（Rice University）的研究者提出的一种成像方案，该方案利用压缩感知技术，以一个光电二极管（单像素传感器）为成像元件，采集少量（相对于图像的所有像素）光场信息，对图像进行重构。其原理示意图如图 9.10 所示。

光场信息通过透镜 1 聚焦于数字微反射镜阵列（Digital Micromirror Device，DMD），DMD 对光场信息进行空间调制并反射到透镜 2，通过透镜 2 聚焦于光电二极管。其中，DMD 中每个微反射镜的反射方向有两种选择，一种是将光场信息反射到透镜 2，另一种是将光场信息反射到透镜 2 之外的地方。而 DMD 中的微反射镜方向用一个伪随机编码矩阵控制，DMD 将光场信息离散化为一幅数字图像，然后用一个伯努利伪随机矩阵 $\phi(m)$ 对离散化的图像 x 进行测量，光电二极管输出的电压就是 x 与 $\phi(m)$ 的内积加上一个偏置电压。

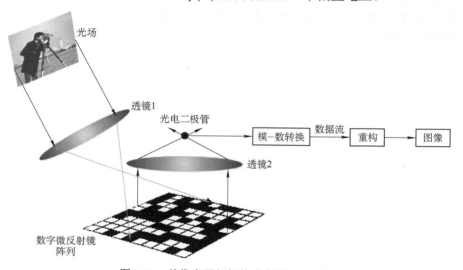

图 9.10　单像素照相机的成像原理示意图

由于该成像系统的传感元件只是一个光电二极管，所以该系统每次只能采集一个像素信息，为了采集到足够的信息，该系统需要进行多次采集。每次采集所用的 $\phi(m)$ 都是不同的伪随机序列。重构方法也有多种选择。

单像素照相机技术由于只有一个光电传感元件，所以成像过程需要耗费一定的时间，与传统成像系统相比，单像素成像系统抓取瞬态光场信息的能力比较弱。不过，在可见光波段之外的应用领域，单像素成像系统的优势就凸显出来了，那就是单个光电传感元件大大降低了传感器的成本和制作工艺难度，从而可以大幅降低成本。目前，单像素照相机技术已经应用于短波红外线成像产品，例如 InView 公司的短波红外（Shortwave Infrared，SWIR）照相机。

2．快速 MRI

磁共振成像（Magnetic Resonance Imaging，MRI）是一种应用范围广泛的医学诊断辅助技术，它在频率空间采集测量值，然后将其转换为我们可以看到的 MRI 图像。常规的 MRI 按照奈奎斯特采样定理采集信号，随着压缩感知技术的出现，Michael Lustig 等人将压缩感知应用于 MRI 中，发展出了快速 MRI。

MRI 是在 k 空间采集信号，即 MRI 不是直接对图像 x 进行采样，而是对傅里叶变换后的 x 进行采样。传统 MRI 在频率空间采样是沿着一些直线或者光滑曲线（采样路径）完成的，快速 MRI 通过给这些采样路径中引入随机扰动，实现随机采样，而欠采样则是通过均匀随机地去掉一部分采样路径来实现的。然后利用压缩感知重构方法得到质量有保障的重构 MRI 图像。

由于快速 MRI 采集的信号量减少，因此采集所需时间减少，患者所受辐射降低，需要维持静止的时长也缩短，有利于 MRI 检查（特别是儿科 MRI 检查）的普及推广。

习　　题

1. 思考如何压缩彩色图像。
2. 假如需要传输的数据没有冗余，能否进行压缩？
3. 使用 JPEG 图像压缩后，在显示时为什么有时会出现马赛克？
4. 混合编码有什么优点？

第 10 章　图像处理示例

目前，数字图像处理技术已经被广泛地应用于科学研究、工业生产以及国防等领域中。本章按照所用图像处理知识及算法由易到难的顺序，列举了一些常见的图像处理应用实例。通过将实际问题进行分解，分别从设计要求、设计原理、理论知识、设计思路和实现步骤五个方面进行详细介绍，帮助同学们体会如何将复杂的实际问题进行化简，进而利用所学的图像处理知识进行分析和解决。

示例 1 为工业生产领域中常见的流水线检测。为实现装配和生产线的自动化，通常需要利用计算机对流水线进行实时监控，检测并剔除不合格的产品，文中以检测瓶内液体是否装满为目标，利用图像处理算法实现对瓶子的自动检测和标注。示例 2 为医学图像处理中的细胞提取，根据各类细胞在图像中的特征，利用图像处理算法实现对细胞的分类提取。示例 3 为机器视觉领域中的应用——人数统计，通过对人脸特征进行分析，利用图像处理算法实现对课堂出勤率的自动统计，有效地节约了时间和人力资源。示例 4 对远近距离观察时分别为不同效果的图像合成技术进行了介绍，通过对频域图像处理算法的合理使用，使同学们能够更好地理解空域和频域算法各自的优势和应用场合。示例 5 为运动目标的识别与跟踪，根据背景图像的不同特征，分别使用了不同的图像处理算法；对于更加复杂的情况，在示例的最后对相关算法进行了简单介绍。

10.1　瓶子检测

10.1.1　设计要求

如图 10.1 所示，在对瓶子进行液体灌装的设备生产线上，需要设计一套机器视觉检测系统来自动寻找没有装满液体的瓶子，并进行标注，输出结果，以达到自动检验产品是否合格的目的；未在照片中全部显示的瓶子不进行检测和标注。

10.1.2　设计原理

机器视觉检测系统的工作原理是，利用 CCD 或者 CMOS 光敏单元对光线的强弱进行采集，得到被

图 10.1　瓶子合格率的检测

测目标的形态信息并将其转变成数字信号，根据像素分布和亮度、颜色等信息，由计算机图像处理系统对这些信号进行处理后得到目标特征，从而完成判断和后续操作。

本节需要检测的是瓶子中的液体是否达到指定的标准，从图像上来看，有液体与没有液体的直接区别是颜色上的差别——有液体呈现深色（灰度值较低），没有液体呈现浅色（灰度值较高）。因此，人们可以把判断灌装瓶子是否合格的标准设定为瓶子的液体高度达到某一高

度范围，高于或者低于这个范围均为不合格。从数字图像处理的角度来看，因为检测对象对颜色信息并不敏感，因此对于上述标准，主要判断依据是图像像素点的灰度值大小。

10.1.3　理论知识

1. 空域图像增强

空域图像增强的目的是通过对图像进行处理，使其比原始图像更适合于特定应用。空域指图像平面自身，即对图像的像素直接进行处理。在本节中，主要用到图像灰度二值化、直方图等操作方法，为后续的图像处理做好准备。

2. 图像分割

将图像分割为多个子区域或对象（分割的程度取决于要解决的问题，即我们感兴趣的区域），并通过一系列区域判定的方法将图像中不需要的区域删除，这样既减少了后续图像处理和分析的操作时间，又避免了无关因素的影响。在本节中，图像分割主要用来判定瓶子所在的区域及排除不完整瓶子的干扰。

3. 图像分析

图像分析是获得结果的必经过程，是一个相当主观的操作步骤，通过设计者对所需要完成的目标和当前资源的对比和思考，设定计算机来完成图像分析和识别，从而达到由计算机视觉检测系统代替人眼的目的。在本节中，主要用来设定瓶子是否灌满液体的判断标准。

10.1.4　设计思路

1）根据靠近瓶底区域内像素点的灰度值变化确定瓶子所在区域。

2）根据图像信息设定瓶子检测是否合格的判断标准。

3）根据标准进行瓶子检测，并输出结果。

10.1.5　实现步骤

1）在 MATLAB 中读入待检测图像，对图像进行灰度化，得到图像的灰度值矩阵，设为矩阵 A；通过对直方图的分析，考虑到偶尔的噪声干扰，设定一个灰度分割阈值 T_1，灰度值大于 T_1 就认为该处不存在液体。可以通过图像灰度二值化后的图像与原图像对比来检测这个灰度阈值选取是否合适。

2）确定瓶子所在的区域，读取第 M 行的像素灰度信息（第 M 行靠近瓶子底部），根据瓶内液体和瓶间区域的灰度值不同，可将该行像素分为多个区间，完整的瓶子宽度为固定值，据此可将不完整的瓶子区域剔除，并对有效瓶子区域进行矩形框标注，并从左向右分别加标注 1、2、3。

3）将矩阵 A 的第 N 行作为瓶中液体必须达到的高度，只要第 N 行的像素灰度值有 T_2 个以上的点满足有液体的条件，即认为瓶子已满。

图像处理流程如图 10.2 所示，图 10.3 为实验结果图。

图 10.2　图像处理流程

10.2　细胞提取

图 10.3　实验结果图

10.2.1　设计要求

医学上，细胞及其组织形态特征的分析一直是一种非常重要的研究手段，观察细胞的体积、表面积、形状等仍然是许多疾病临床和病理的常规检查。在检查中，不可避免会有多种细胞同时出现在一个画面的情况，若可以通过图像处理的方法将各种细胞分类显示在画面中，将会为医生临床诊断提供极大的方便。本节内容要完成的目标是对图 10.4 所示的显微镜下的细胞图像进行细胞提取。

10.2.2　设计原理

由图 10.4 及查阅资料可知，在一幅染色显微血液图像

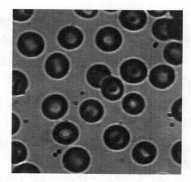

图 10.4　显微镜下的细胞图像

中有红细胞、各种白细胞、血小板以及其他杂质。红细胞有着较大的体积形态，利用这一点可以将红细胞与其他细胞区别开。本节的主要目标是将图中较大体积的细胞提取出来：首先，进行彩色图像灰度化操作，将图像变为灰度图，然后进行平滑操作，去除一些噪声点；其次，通过灰度信息将细胞与背景分割开，并且通过灰度二值化进行细胞的提取，提取出来的细胞由于中心浅染区的原因灰度值较高，而被二值化分割为白色，通过对连通域的操作，实现红细胞内部填充和图像中杂质的去除；最后，利用轮廓提取算法完成目标要求。

10.2.3　理论知识

1．空域图像增强

空域图像增强的目的是通过对图像进行处理，使其比原始图像更适合于特定应用。空域指图像平面自身，即对图像的像素直接进行处理。在本节中，主要用到图像灰度化、图像平滑等操作方法，目的是为后续的图像处理创造好的条件。

2．图像分割

将图像分割为它的子区域或对象（分割的程度取决于要解决的问题，即人们感兴趣的区域），通过一系列区域判定的方法将图像中不需要的区域删去，这样既减少了后续图像处理和分析的操作时间，又避免了无关因素的影响。在本节中，图像分割主要为了灰度图的二值化，利用灰度信息来将背景和细胞分割开。

3．连通域

连通域一般是指图像中具有相同像素值且位置相邻的像素点组成的图像区域。如果当前像素点的值为 1，且其四近邻像素点中至少有一个点值为 1，即认为存在两点间的通路，称之为四连通；同样，如果其八近邻像素点中至少有一个点值为 1，称之为八连通。连通域分析（Connected Component Analysis）是指将图像中的各个连通域找出并标记。

10.2.4　设计思路

1）对图像进行灰度化，并进行平滑操作。
2）进行灰度二值化操作分割图像和背景。
3）对红细胞内部进行填充。
4）去除图中较小细胞和杂质的干扰。
5）提取红细胞轮廓。

10.2.5　实现步骤

1）在 MATLAB 中读入待检测图像，对图像进行灰度化，得到图像的灰度值矩阵；使用平滑模板对图像进行处理，去除一些影响图像的噪点。

2）使用直方图观察图像的灰度值分布，确定阈值分割点，进行灰度二值化，将背景和细胞分割开。

3）对图中的连通域进行标记，将面积小于 S_1 的连通域置零，实现对红细胞内部区域的填充。

4）对图像进行反色操作，将面积小于 S_2 的连通域置零，实现对面积较小细胞和杂质的滤除。

5）利用八连通轮廓提取得到红细胞轮廓。

图像处理流程如图 10.5 所示，图 10.6 为实验过程图。

读入图像 ➡ 图像灰度化 ➡ 图像直方图 ➡ 灰度二值化 ➡ 填充红细胞内部区域 ➡ 去除干扰杂质 ➡ 轮廓提取

图 10.5　图像处理流程

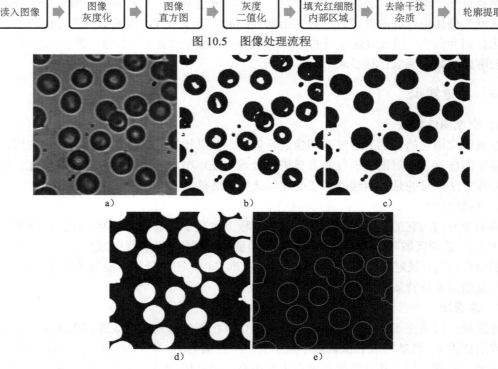

a)　　　　　　　　　b)　　　　　　　　　c)

d)　　　　　　　　　e)

图 10.6　实验过程图

a）初始图像　b）灰度二值化后图像　c）红细胞内部区域填充　d）红细胞外部杂质去除　e）轮廓提取结果

10.3　课堂点数

10.3.1　设计要求

　　在课堂教学中，学生出勤率是一个很重要的教学指标，常规的课堂点数会耗费较多的人力和时间资源。在学校对于该项教学指标的统计中，若对学校中进行的每节课程都进行人力点数检查并不现实，因此需要一种简单快捷的方式来进行课堂点数，这与当下非常热门的机器视觉紧密相关。本节内容要完成的目标为通过拍摄一张当前课堂的照片（见图 10.7），利用机器视觉方法，使用计算机对当前课堂中的人数进行计算，方便学校进行各种相关指标的统计。

图 10.7　课堂点数的示例图像

10.3.2　设计原理

　　这里需要说明，书中只是介绍了一种简易的方法，处理结果可能会与实际人数有一定误差。若想达到理想的识别效果，需要深入分析人脸识别技术。

　　课堂点数的前提是识别人脸，在不被遮挡的情况下，人脸的数目即为课堂出勤的人数，从而得到课堂出勤率。识别人脸的原理为：人的肤色不同于衣服、周围环境等，以此来进行对人脸的筛选。当摄像头位置固定时，可以知道最前的座位以及最后的座位在图中的范围，可以排除一些无关的环境因素的影响，使得人脸提取更加容易和方便。

　　通过图像增强等知识，对目标进行处理后，建立人体的肤色模型，分离出人体肤色后，利用形态学知识进行处理和筛除，最后将选出的人脸进行标记并计数，从而实现课堂点数的目的。利用图像处理及机器视觉的方法，能够迅速地完成目标并且几乎不耗费人力资源，是一种很好的解决办法。

10.3.3　理论知识

1．YCbCr 色彩空间模型

本示例中，主要采用的是 YCbCr 色彩空间系统，它由 YUV 色彩系统衍生而来。其中，

Y 为亮度，Cb 和 Cr 则是将 U 和 V 做少量调整而得到的。Cb 分量是蓝色分量和一个参考值的差，Cr 分量是红色分量和一个参考值的差。

YCbCr 色彩系统与 RGB 色彩系统的转换关系如下：

$$Y = 0.299 \times R + 0.587 \times G + 0.114 \times B \tag{10.1}$$

$$Cb = (B - Y) \times 0.564 + 128 \tag{10.2}$$

$$Cr = (R - Y) \times 0.713 + 128 \tag{10.3}$$

2. 光线补偿

对原始图像进行亮度的增强，增强较暗部分或者调节光照平衡。

3. CbCr 空间肤色区域模型

资料表明，肤色在 CbCr 空间的分布呈现良好的聚类特性。同时，人脸肤色的 Cb、Cr 值存在着一定的范围：

$$\begin{cases} 77 < Cb < 127 \\ 133 < Cr < 173 \end{cases} \tag{10.4}$$

可通过此方法筛选处理掉大部分背景墙和部分衣服的颜色。

4. 高斯肤色模型

不同人的肤色在色度上比较接近，但在亮度上的差异很大，在二维色度平面上，肤色区域比较集中，可以用高斯分布描述。通过这种办法将相邻的人脸区分开。根据肤色在色度空间的高斯分布，对于彩色图像中每个像素将其从 RGB 色彩空间转换到 YCbCr 色彩空间后，就可以计算该点属于皮肤区域的概率，即根据该点离高斯分布中心的远近得到和肤色的相似度，将彩色图像转换为灰度图像。其中，每个像素对应该点的相似度，相似度计算公式如下：

$$p(Cr, Cb) = \exp[-0.5(\boldsymbol{x} - \boldsymbol{m})^{\mathrm{T}} \boldsymbol{C}^{-1}(\boldsymbol{x} - \boldsymbol{m})] \tag{10.5}$$

式中，$\boldsymbol{x}$ 是图像像素在 YCbCr 空间中的值；$\boldsymbol{m}$ 是均值，$\boldsymbol{m} = E(\boldsymbol{x})$；$\boldsymbol{C}$ 是协方差，有

$$\boldsymbol{C} = E\left[(\boldsymbol{x} - \boldsymbol{m})(\boldsymbol{x} - \boldsymbol{m})^{\mathrm{T}}\right]$$
$$\boldsymbol{x} = (Cr, Cb)^{\mathrm{T}} \tag{10.6}$$

5. 肤色模型的建立

$p(Cr, Cb)$ 可以作为肤色相似度的衡量参数，把待测图像中每一个像素都进行计算，最后得到一个 256 灰度级的肤色相似度图像，图像中每个像素的亮度便是该像素与肤色的相似度大小，亮度值越高，则表示原图像中该像素越接近皮肤的颜色。由研究统计得到的均值与协方差矩阵如下：

$$\boldsymbol{m} = \begin{pmatrix} 117.4361 & 148.5599 \end{pmatrix} \tag{10.7}$$

$$\boldsymbol{C} = \begin{pmatrix} 74.3241 & 43.2876 \\ 43.2876 & 253.1091 \end{pmatrix} \tag{10.8}$$

通过计算得到相似度图像。

6．阈值分割

经过以上步骤处理后的图像仍为灰度图像，将其变成只有黑白的二值图像，这样方便将没有完全连在一起的人脸重新连成一个连通域，并且将连在一起的两个人脸进行分离。

7．图像分割

将图像分割为它的子区域或对象，分割的程度取决于要解决的问题，即我们感兴趣的区域。在本节中，图像分割主要为了灰度图二值化和去除座位范围外的区域。

8．形态学操作

数学形态学是分析几何形状和结构的数学方法，其基本思想是用具有一定形态的结构元素去量度和提取图像中的对应形状，以达到对图像分析和识别的目的。本节中主要用到的是形态学的腐蚀、膨胀，开运算、闭运算等。

10.3.4　设计思路

1）对图像进行颜色空间的转换，并进行光线补偿操作。

2）利用 YCbCr 空间肤色区域模型进行第一次粗检。

3）利用高斯肤色模型进行第二次筛选。

4）设定图像操作区域和利用 RGB 空间筛除干扰项。

5）利用形态学操作进行处理，最后将所得到的结果画出标记连通域的矩形框并标出序号，计算人数。

10.3.5　实现步骤

1）在 MATLAB 中读入待检测图像，将图像颜色空间转为 YCbCr 空间，得到图像的 YCbCr 空间矩阵。对图像进行光线补偿，这里采用光线补偿是因为有些同学的面部比较暗，或在不同同学的面部存在光线不平衡的情况，进而造成色彩上的偏差。亮度提升后重构 YCbCr 色彩空间。

2）利用人脸肤色 Cr、Cb 值的一定范围来粗略地筛选人脸部分，进行第一次粗检。

3）对于上一步完成的图像，将其 YCbCr 色彩矩阵转变为 double 型后，再利用高斯肤色模型进行第二次的筛选。

4）对座位范围进行设定，以排除周围完全无关环境因素的影响，对桌椅以及一些与肤色相差较大的衣服利用 RGB 空间中的关系进行筛选，并对图像进行二值化操作。

5）对二值化后的图像进行形态学处理，通过腐蚀、膨胀等操作，去除小的干扰项，并通过开、闭运算操作补充小的间隙和去除毛刺，最终画出标记连通域的矩形框并标出序号。至此，课堂点数工作完成。

图像处理流程如图 10.8 所示，图 10.9 为图像处理实验分步结果图。

图 10.8　图像处理流程

图 10.9　图像处理实验分步结果图

a）初始图像　b）光线补偿并色彩空间重构后　c）肤色模型范围粗检　d）高斯肤色模型筛选

e）设定区域，桌椅和衣服筛除，形态学操作　f）标记连通域并排序

10.4　图像合成

10.4.1　设计要求

如图 10.10 所示，选择两张图像实现图像合成，实现远近观察形成不同图像效果。

a) b)

图 10.10 示例图像

a) 用于合成的图像 1 b) 用于合成的图像 2

10.4.2 设计原理

当图像位于远处时，人眼只能看清图像的模糊像和轮廓（即图像的低频分量）；当图像位于近处时，人眼则首先对图像的细节成像（即图像的高频分量），进而确定图像的信息。这是由于人眼的视觉感知系统存在多尺度的性质，即焦点与焦距可以根据观察物体的远近自适应变化。在可以看清物体的细节时，人眼会将细节作为识别物体的主要依据；而在看不清细节时，则会将物体的轮廓作为识别物体的首要依据。

因此，如果选择两幅背景相近、外形相像的图像，使用图像融合技术将图像 1 的低频信息与图像 2 的高频信息相加，原理上就可以生成远看为图像 1、近看为图像 2 的合成图像。

10.4.3 理论知识

（1）傅里叶变换

频域处理在某些操作时比空域处理更加便捷，所以可以对图像进行傅里叶变换，对其频谱进行处理，然后经傅里叶逆变换得到所需图像。

（2）理想低通滤波器

理想低通滤波器的表达式为

$$H(u,v) = \begin{cases} 1 & D(u,v) \leqslant D_0 \\ 0 & D(u,v) > D_0 \end{cases} \tag{10.9}$$

式中，D_0 为截止频率；$D(u,v)$ 为距离函数，若事先处理 $f(x,y) \times (-1)^{(x+y)}$，则 $D(u,v) = (u^2 + v^2)^{1/2}$，即点 (u,v) 和傅里叶变换中心（频域原点）之间的距离。

（3）振铃效应

频域低通滤波器对应的空间滤波器有两个主要特征：在原点处的一个主要成分及中心成分周围成周期性分布的成分。中心成分主要决定模糊，周期性分布成分主要决定了振铃现象。

（4）巴特沃斯低通滤波器

一个截止频率位于距离原点 D_0 处的 n 阶巴特沃斯低通滤波器的变换函数为

$$H(u,v) = \frac{1}{1 + (D(u,v)/D_0)^{2n}} \tag{10.10}$$

一阶巴特沃斯低通滤波器没有振铃效应，阶数越高振铃效应越明显。

121

10.4.4　设计思路

1）将图 10.10a、b 分别进行傅里叶变换。

2）采用巴特沃斯滤波器对图 10.10a 进行低通滤波，对图 10.10b 进行高通滤波。

3）对滤波后的两个频谱图像分别进行傅里叶逆变换得到滤波后的两幅图像。

4）将滤波后得到的图像相加，从而生成目标图像。

10.4.5　实现步骤

1）读入图像，在 MATLAB 中生成 $M \times N$ 图像矩阵，对图像进行傅里叶变换，得到图像傅里叶变换后的频域矩阵，对傅里叶频域矩阵进行平移，使其零频分量位于图像中心。

2）设置巴特沃斯滤波器的截止频率为 D_0，巴特沃斯低通滤波器的表达式为 $H(u,v) = \dfrac{1}{1 + \left(D(u,v)/D_0\right)^{2n}}$，高通滤波器的表达式为 $H(u,v) = \dfrac{1}{1 + \left(D_0/D(u,v)\right)^{2n}}$。分别对上述两个频域进行高通、低通滤波，从而形成两个滤波后的频域矩阵。

3）对两个滤波后的频域矩阵进行平移，使其符合图像直接变换后得到的傅里叶矩阵的特点；再对矩阵做傅里叶逆变换，取其实部。经试验可得，巴特沃斯滤波器的截止频率 $D_0=10$、阶数 $n=2$ 时，图像融合后具有最好的效果。

4）图像融合。因为两图像的背景灰度具有一定的差异，经试验，使两图像按照$(1.5a+5b)/6.5$的比例进行直接加合和归一化显示，具有最好的显示效果。其中，a、b 分别为两幅示例图像的灰度。

图 10.11 为图像处理流程，图 10.12 为图像合成过程和结果图。

读入图像 → 傅里叶变换 → 频域滤波 → 傅里叶逆变换 → 图像融合 → 最终结果

图 10.11　图像处理流程

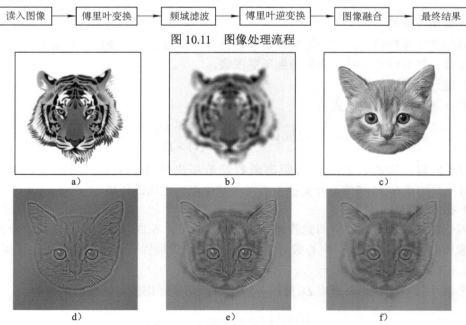

图 10.12　图像合成过程及结果图

a）老虎图像　b）低通滤波后的老虎图像　c）小猫图像　d）高通滤波后的小猫图像

e）合成图像的近距离效果　f）合成图像的远距离效果

10.5　视频图像跟踪

10.5.1　设计要求

运动目标识别与跟踪是智能视频处理的重要内容，在安防监控、工业生产、军事应用等领域中都有着极为重要的应用价值。本示例要求能在多帧视频图像中，实现对特定目标的跟踪。

10.5.2　设计原理

视频图像跟踪是指将视野中的运动目标从相对静止的背景中提取出来的过程。根据背景图案的特点，可以将视频图像跟踪分为三种情况：①背景图案已知；②背景图案未知，但与跟踪目标有较大差距；③背景图案未知且图案较复杂，不能简单地与跟踪目标区分。

1）背景图案已知：若已知背景图像，通过已有的视频图像与背景图像作差，然后根据差值即可提取出跟踪目标。

2）背景图案未知，但与跟踪目标有较大差距：跟踪目标与背景灰度差距较大，可以通过二值化的方法，将背景和跟踪目标统一到两个灰度值上，再通过阈值分割，将跟踪目标从背景中分离。

3）背景图案复杂且未知：可采用帧差法。帧差法是指通过计算连续视频图像中彼此相邻的两帧或三帧图像之间的像素差值，然后根据像素差值提取出运动目标的一种方法。该方法的优点是原理相对简单，同时对复杂环境具有较强的适应能力；缺点是运动目标的内部容易产生空洞，而且获取的初始目标准确度不高。因此，该算法仅适用于简单的目标运动场合。

10.5.3　理论知识

（1）直方图

直方图反映的是一幅图像中各灰度级像素出现的频率，以灰度级为横坐标，以灰度级频率为纵坐标。

（2）二值化

二值化是指在图像的直方图中选定某一阈值，将所有灰度值大于阈值的点的灰度设为最大值，将所有灰度值小于阈值的点的灰度设为最小值。对图像进行二值化处理，简化问题复杂度，排除部分干扰，便于进行图像分割。

（3）均值滤波与中值滤波

均值滤波给待处理的像素设定一个模板，该模板包括了其周围的邻近像素，将模板中的全体像素的均值来替代原来像素的值。中值滤波取模板中排在中间位置上的像素灰度值替代待处理像素的值。

10.5.4　背景图案已知

目标跟踪时，若背景图案已知，可直接与背景图做差，即可得到跟踪目标。

图 10.13 中的两幅图为背景图和目标图，其算法流程图如图 10.14 所示。通过对两幅图像作差，即可实现对指定目标的跟踪。由于摄像机在拍摄过程中可能会有抖动，可将作差后的

图像先进行滤波，再对目标进行标记。

图 10.13　背景图和目标图

a）背景图　b）目标图

10.5.5　背景图案单一

当背景图案单一且与跟踪目标存在较大灰度差异时，可通过直方图分布将目标分离出来，实现目标跟踪。

图 10.15 为飞机图像的跟踪过程，其算法流程图如图 10.16 所示，主要步骤如下：

图 10.14　背景图案已知时的算法流程图

1）将彩色图像变为灰度图像，便于后续通过直方图分离背景和目标。

2）求取灰度图像直方图，根据直方图分布，可以轻松地将目标从背景中分离出来。

3）标记跟踪目标。

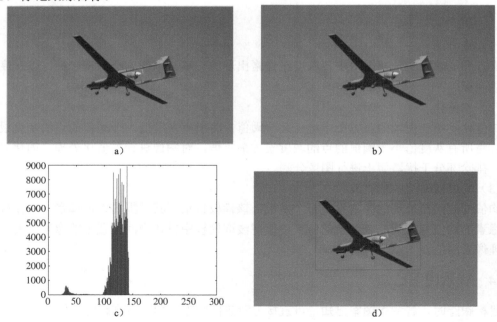

图 10.15　飞机图像的跟踪过程

a）原始图像　b）原始图像灰度图　c）直方图　d）跟踪结果

图 10.16　背景图案单一时的算法流程图

10.5.6　背景图案复杂

在背景图案复杂时，可采用帧差法实现目标跟踪，如图 10.17 所示，主要步骤如下：

1）选取视频中相邻的两帧图像，对应像素相减得到帧差图。

2）对帧差图进行滤波，消除拍摄过程中由于摄像机抖动造成的影响。

3）对帧差图进行二值化处理，保证跟踪目标的准确性。对处理完的图像进行标记，即可实现目标跟踪。

图 10.17　背景图案复杂时的算法流程图

帧差法的实现过程如图 10.18 所示。图 10.18a、b 分别为视频中相邻的两帧图像，图 10.18c 为两幅图像的帧差图，其中明显存在目标物体以外的噪声。对图 10.18c 进行滤波和二值化处理，可以得到图 10.18d，可见跟踪目标清晰度明显提高，且目标外噪声基本被滤除。对图 10.18d 中目标进行标记，可以实现对视频中目标的跟踪，如图 10.18e 所示。

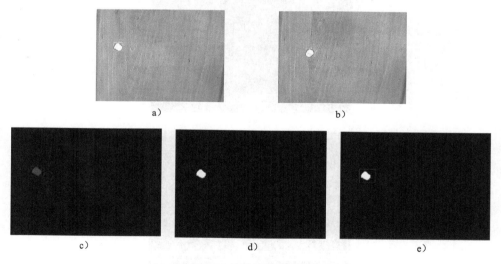

图 10.18　帧差法的实现过程

a）视频中的相邻两帧图像之一　b）视频中的相邻两帧图像之二　c）帧差图　d）帧差图滤波和二值化结果　e）跟踪结果

10.5.7　提高

1．光流法

在背景未知且摄像头也在运动的前提下，对于运动目标的跟踪和提取可以通过光流法实现。光流法是将图像中各个像素点与运动速度矢量进行对应，得到一个图像运动场。当目标运动时，目标和图像背景存在相对运动，通过运动速度矢量场中运动物体与背景速度矢量的差别来提取运动目标的位置。光流法的优点在于能够在背景未知的前提下检测出运动目标信息，但算法的计算过程复杂，对硬件要求高，抗噪效果差，实用性不强。

2. Mean-shift 算法

基于 Mean-shift 算法的运动目标检测是在目标颜色直方图分布模型的基础上利用无参估计方法来实现对目标的定位。该算法的优点是对目标的形变、旋转变化、部分遮挡等具有较强的鲁棒性，缺点在于需要在起始帧通过人机交互的方式对目标进行初始化，属于半自动目标跟踪算法。

3. Cam-shift 算法

Cam-shift 算法是一种实时跟踪算法，主要通过视频图像中运动物体的颜色信息来达到跟踪的目的。Cam-shift 算法利用目标的颜色直方图模型将图像转换为颜色概率分布图，初始化一个搜索窗的大小和位置，并根据上一帧得到的结果自适应调整搜索窗口的位置和大小，从而定位出当前图像中目标的中心位置，实现视频图像跟踪。该算法的准确性和鲁棒性比较好。

习　　题

1. 如图 10.19 所示，在已知背景图的情况下，设计图像处理算法提取出证书的轮廓图。

a）

b）

图 10.19　证书图和背景图

a）证书图　b）背景图

2. 设计图像处理算法对图 10.20 进行图像增强，以便看清图中的细节。

3. 思考停车场的车牌自动识别系统用到了哪些图像处理算法。

4. 图 10.21 为心脏血管造影图像，设计图像处理算法实现血管轮廓的提取。

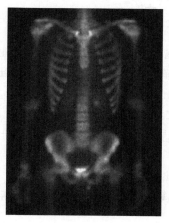

图　10.20

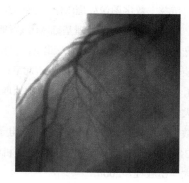

图　10.21

参 考 文 献

[1] 冈萨雷斯，伍兹. 数字图像处理[M]. 阮秋琦，阮宇智，等译. 3 版. 北京：电子工业出版社，2017.

[2] 彼得鲁 M，彼得鲁 C. 图像处理基础[M]. 章毓晋，译. 2 版. 北京：清华大学出版社，2013.

[3] 王庆有. 光电传感器应用技术[M]. 北京：机械工业出版社，2007.

[4] 郁道银，谈恒英. 工程光学[M]. 3 版. 北京：机械工业出版社，2011.

[5] SONKA M, HLAVAC V, BOYLE R. 图像处理、分析与机器视觉[M]. 兴军亮，艾海舟，等译. 4 版. 北京：清华大学出版社，2016.

[6] 刘文耀. 数字图像采集与处理[M]. 北京：电子工业出版社，2007.

[7] STEGER C, ULRICH M, WIEDEMANN C. 机器视觉算法与应用[M]. 杨少荣，吴迪靖，段德山，译. 北京：清华大学出版社，2008.

[8] 伯格，伯奇. 数字图像处理基础[M]. 金名，等译. 北京：清华大学出版社，2015.

[9] 麦特尔，等. 现代数字图像处理[M]. 孙洪，译. 北京：电子工业出版社，2006.

[10] 朱虹. 数字图像处理基础与应用[M]. 北京：清华大学出版社，2013.

[11] 刘富强. 数字视频图像处理与通信[M]. 北京：机械工业出版社，2012.

[12] 崔屹. 图像处理与分析——数学形态学方法及应用[M]. 北京：科学出版社，2002.

[13] 章毓晋. 图像分割[M]. 北京：科学出版社，2001.

[14] 李宏霄. 基于压缩感知的稀疏 CT 重构方法研究[D]. 天津：天津大学，2015.

[15] 孙学斌. HEVC 帧内编码优化及点云序列压缩算法研究[D]. 天津：天津大学，2018.

[16] 刘小宁. 嵌入式运动目标识别与跟踪系统[D]. 天津：天津大学，2010.

[17] DONOHO D. Compressed sensing[J]. IEEE Trans. Inform. Theory, 2006, 52(4): 1289-1306.